上海野生动物园主持翻译

圈养大象

足部疾病的预防、治疗及护理

（美）布莱尔·克萨提
（美）伊娃·L.萨金特　主编
（美）厄休拉·S.贝歇特

徐春忠　译

The Elephant's Foot:
Prevention and Care of Foot
Conditions in Captive Asian
and African Elephants

北方联合出版传媒（集团）股份有限公司
辽宁科学技术出版社

图书在版编目（CIP）数据

圈养大象足部疾病的预防、治疗及护理/（美）布莱尔·克萨提，（美）伊娃·L. 萨金特，（美）厄休拉·S. 贝歇特主编；徐春忠译 . —沈阳：辽宁科学技术出版社，2024.10

ISBN 978-7-5591-3389-2

Ⅰ . ①圈… Ⅱ . ①布… ②伊… ③厄… ④徐… Ⅲ . ①长鼻目—足—疾病—治疗②长鼻目—足—疾病—护理 Ⅳ . ① S858.99

中国国家版本馆 CIP 数据核字（2024）第 024114 号

出版发行：辽宁科学技术出版社
（地址：沈阳市和平区十一纬路 25 号　邮编：110003）
印　刷　者：辽宁鼎籍数码科技有限公司
经　销　者：各地新华书店
幅面尺寸：185mm×260mm
印　　　张：12.5
字　　　数：260 千字
出版时间：2024 年 10 月第 1 版
印刷时间：2024 年 10 月第 1 次印刷
责任编辑：闻　通　陈广鹏
封面设计：墨　韵
责任校对：栗　勇

书　　　号：ISBN 978-7-5591-3389-2
定　　　价：138.00 元

联系电话：024-23280036
邮购热线：024-23284502
http://www.lnkj.com.cn

序 言

50%的圈养亚洲象和非洲象在一生中的某个时期都会患上足部疾病。虽然许多疾病是可以治愈的，但有些严重的疾病可能导致残疾或死亡。关于这些疾病的可能成因、预防和治疗的信息对圈养大象的健康至关重要，但尚未被系统地收集或发布。1998年3月19日至21日，在俄勒冈州比弗顿召开了第一届北美象足护理和病理学会议，汇聚了大象饲养和兽医科学方面的专家，旨在解决亚洲象和非洲象常见的足部疾病问题。会议吸引了来自美国23个州以及加拿大、印度和新西兰的40多家动物园、马戏团、大象保护区、大学和兽医学院的117名代表参加。

本书内容正是基于会议上的一些演讲。许多具有治疗象足部疾病宝贵经验的个人因故无法参加这场会议，于是我们邀请了其中一些专家为本书撰稿。由此，会议的结论和建议（第27章）得到了这些额外贡献的大力支持。

人们普遍认为，缺乏锻炼、长时间站在坚硬的基材上以及站在自己的排泄物中造成的污染是导致大象足部疾病的主要原因。如何规避这些因素对圈养环境中大象的饲养提出了重大挑战。所有撰稿人也认同预防足部问题比治疗更可取这一观点。手术干预治疗骨感染的案例研究强调了果断治疗晚期大象足部疾病的高成本和风险。我们希望这篇综述会引起人们对不当的大象饲养和足部护理方法产生的严重影响的高度认识，并降低这些大型动物足部疾病的患病率。

我们提醒读者不要把本书理解为大象足部护理的权威指南。书中描述的饲养、预防和治疗方案是在不同的机构发生的，目的是解决它们各自的特殊情况，但并不是解决所有大象足部问题的良方，而是应该作为制定新策略的讨论要点。各个大象收容机构的大象足部护理做法差别很大。影响大象足部健康的变量太多，加上样本量小，使得人们很难对有效的饲养和治疗进行控制研究。我们希望大象管理界能够通过开展多机构合作的研究项目来回应本书中提出的问题，这将促进更有效的大象足部护理标准和治疗方法的提出。

致　谢

本书的出版部分得益于Louise H. Foley & Margaret Frischkorn野生动物保护基金的资助。我们感谢Foley/Frischkorn野生动物保护基金和俄勒冈动物园基金会对第一届北美象足护理和病理学会议的慷慨支持，同时感谢所有参加会议的专家学者，使会议取得了巨大成功。我们要特别感谢我们的动物园指南会议委员会，包括联合主席Nancy Kluss、Kate Schmidt和Julie Hollister-Smith，他们组织了这次会议。Linda Baker、Marilyn Beers、Gordon Davies、Alice Davis、Deb Frasieur、Bob Granquist、Jenny Joslyn、Louise Kent、Gloria Koch、Jan Landis、Carolyn Leonard、Kim Linder、Jim Morris、Bill Oberhue、Dorothy Rich、Katie Sandmier和Dorothy Springer都热情地贡献了他们的时间和精力，使会议得以顺利进行。

目 录

第一部分

大象足部护理的背景

第1章 大象足部状况概述

默里·E. 福勒

大象的管理已经成为一个热议的话题。一个极端是那些要求大象不应该被圈养的人，另一个极端是那些认为他们对大象管理有一切答案的人。人类与长鼻类动物有着悠久的渊源，首先这些动物在冰河时期作为人类的食物，然后作为驮兽和宗教崇拜的对象，最近作为人类的一种享乐工具。亚洲象已经被驯化了5000多年，非洲象也被驯服和训练后开始为人类工作。除了容易感知到的接触大象的危险之外，大象管理人员面临的主要挑战之一是保证象脚的健康和功能。

足部问题是圈养大象最严重的疾病。除了喂养和清洁之外，照顾足部的时间比其他任何事情都要多。召开象足部护理和病理学会议的目的是解决重要问题，并就大象足部管理的基本原则达成共识，进而向全世界的同仁们推荐。

大象的脚是进化发展的杰作，用来支撑最大的陆地哺乳动物的质量（表1.1）。

站立时，一头大型非洲公象（6000kg）的每只脚能承受1500kg的质量。同样大象的脚底面积约为1640cm²，相当于0.92kg/cm²的负重（表1.2）。走路时，一只脚摆动，另一只脚承受2000kg的负重，1.22kg/cm²。漫步（步速加快）时，只有两只脚支撑体重，每只脚承受3000kg，负重为1.84kg/cm²（表1.2）。

表1.2 一头非洲公象的体重分布（质量6000kg，脚底面积约为1640cm²）

活动	每只脚的负重（kg）	每平方厘米的负重（kg）
站立	1500	0.92
走路	2000	1.22
漫步	3000	1.84

象脚的解剖结构是独一无二的。第2章提供了关于解剖的细节，但是一些介绍性的评论是相关的。大象的前脚和后脚在走路或奔跑时脚趾、脚跟都是半着地的，有不同数量的趾甲（图1.1）。每根趾甲通

表1.1 大象的体重和身高

象	成年雌性		成年雄性		身高	
	lb	kg	lb	kg	ft	m
亚洲象	7920	3600	9900	4500	8.2～10.0	2.5～3.0
非洲象	11 000	5000	13 200	6000	9.8～13.0	3.0～4.0

过一系列的薄板附着在下面的第三趾骨上（图1.2），这些薄板与真皮中相应的凹槽相互交错，又依次锚定在骨头上。前后脚外部形态不同（图1.3~图1.6），前脚呈圆形，后脚呈椭圆形。趾垫与趾骨相互作用，提供了很好的缓冲。与不负重时相比，负重时大象脚的周长增加5.1~11.4cm（表1.3，图1.7）。趾垫的压缩和松弛在将静脉血从足部泵回中心静脉系统中起着重要作用。缺乏运动对大象的脚有严重的影响。

表1.3 大象脚围和前脚（F）与后脚（H）的脚底测量值

象	年龄（Yrs）	脚围（cm）		增加（cm）	增加（%）	长度*（cm）	宽度**（cm）
		放松状态	负重状态				
非洲象 Mailika	11	前89.5	前97.2	前7.62	前8.5	前30.5	前24.8
		后91.4	后99.1	后7.62	后8.3	后35.6	后20.0
非洲象 Tika	20	前117.5	前128.9	前11.4	前9.7	前39.4	前34.3
		后118.1	后128.3	后10.2	后8.6	后46.4	后28.6
亚洲象 Taj	58	前122.6	前89.5	前3.89.7	前7.8	前41.3	前36.2
		后111.8	后123.2	前11.4	后7.0	后43.2	后28.6
亚洲象 Tina	42	前119.4	前132.1	前8.9	前7.4	前38.7	前36.2
		后114.3	后119.4	后5.1	后4.4	后42.5	后27.3
范围				前：7.62~11.4 后：5.1~10.2	前：7.4~9.7 后：4.4~8.6		

*：长度：从脚前部测量到脚后部，包括脚底和趾甲。
**：宽度：在脚底最宽处从一侧测量到另一侧。

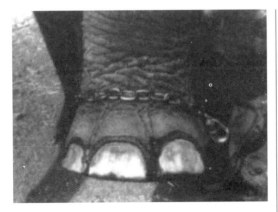

图1.1 亚洲象前脚的趾甲

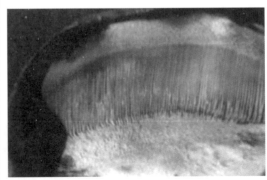

图1.2 大象趾甲内表面的薄板结构

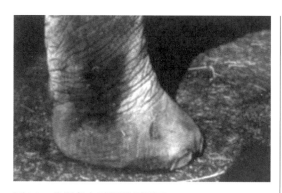

图1.3 非洲象右后脚的侧视图

图1.4 非洲象右前脚脚底

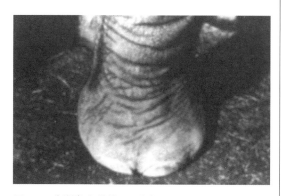

图1.5 非洲象右前脚正面图

图1.6 非洲象右后脚脚底

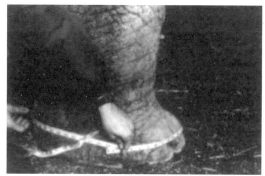

图1.7 测量象脚的最大周长

5. 足部护理不充分。

6. 不卫生的活动场。

7. 遗传性足部结构不良。

8. 营养不良。

9. 骨骼疾病（关节炎）。

大象足部问题的严重性

国际物种信息系统（ISIS）的记录表明，美国和加拿大的70多家机构共展出了328头大象（表1.4）。这不包括私人设施中表演的大象。据估计，美国和加拿大有600多头大象。在世界范围内，ISIS记录中列出了743头大象（表1.4）。

因为没有集中报告系统，目前尚不清楚北美大象足部疾病的确切流行程度。然而，

以下是笔者根据经验对导致足部问题的诱发因素的建议：

1. 缺乏运动。

2. 趾甲和/或脚底过度生长。

3. 活动场表面不合适。

4. 湿度过大。

根据笔者的个人经验,很少有机构能幸免于处理大象足部问题的悲伤和沮丧。笔者认为,无法解决的足部感染和关节炎是大象安乐死的主要原因。必须定期修脚来保持大象的足部健康。非洲象的足部问题似乎比亚洲象少,但造成这种差异的原因尚不清楚。

表1.4 在国际物种信息系统(ISIS)注册的大象

大象种类	雄性	雌性	总计	饲养机构数	圈养出生率(%)	野生出生率(%)	最近6个月圈养出生数
世界范围内亚洲象							
无亚种	55	271	326	102	29	48	6
斯里兰卡种	4	13	17	11	12	76	0
印度种	19	80	99	32	34	41	3
马来西亚种	6	11	17	5	0	94	0
总计	84	375	459				
世界范围内非洲象							
无亚种	22	153	175	69	6	87	0
S.非洲亚种	15	62	77	29	3	96	0
E.非洲亚种	4	25	29	11	40	60	0
W.非洲亚种	0	1	1	1	0	100	0
非洲森林	2	0	2	2	0	100	0
总计	43	241	284				
世界总计	127	616	743				
美国和加拿大亚洲象							
无亚种	33	106	139	41			
斯里兰卡	1	9	10	6			
印度	5	31	36	15			
马来西亚	2	1	3	2			
总计	41	147	188				
美国和加拿大非洲象							
无亚种	9	96	105	41			
S.非洲亚种	4	25	29	13			
E.非洲亚种	0	6	6	6			
总计	13	127	140				
美国和加拿大总计	54	274	328				

自由放养大象的足部问题

人们经常听到这样的说法，即自由放养的大象不会出现足部问题。但这并不完全正确，因为野生大象饱受陷阱伤害、撕裂伤、骨折，甚至可能被异物刺穿。印度和东南亚工作营地的大象似乎遇到了与位于北美洲的亚洲象类似的问题。在一个大象营地，估计50%的大象有一个或多个足部问题（D.K.Lahiri Choudhury教授，俄勒冈州波特兰，个人交流，1998.3.20）。由于数据收集困难，我们不知道真正的患病率。

延伸阅读

[1] Clark, H. W., D. C. Laughlin, J. S. Bailey, and T. McP. Brown. 1980. Mycoplasma Species and Arthritis in Captive Elephants. *Journal of Zoo Animal Medicine* 11:3-15.

[2] Clark, H. W., d. C. Laughlin, and T. McP. Brown. 1981. Rheumatoid Arthritis in Elephants-A Review to date. *Proceedings, American Association of Zoo Veterinarians*, pp. 95-99. Media, Pennsylvania: American Association of Zoo Veterinarians.

[3] Eltringham, S. K. 1982. *Elephants*. Poole, England: Blandford Press.

[4] Evans, G. h. 1910. *Elephants and Their diseases*. Rangoon, Burma: Superintendent, Government Printing.

[5] Fowler, M. E. 1980. Hoof, Claw and Nail Problems in Nondomestic Animals. *Journal of American Veterinary Medical Association* 117:885-893.

[6] Fowler, M. E. 1993. Foot Care in Elephants. In *Zoo and Wild Animal Medicine: Current Therapy*, 3d ed., edited by M. E. Fowler, pp. 448453. Philadelphia: W. B. Saunders Company.

[7] Gage, L. J. 1998. Radiographic Techniques for the Elephant Foot and Carpus. In *Zoo and Wild Animal Medicine: Current Therapy*, 4th ed., edited by M. E. Fowler and R. E. Miller, pp. 517-520. Philadelphia: W. B. Saunders Company.

[8] Gage, L. J., M. E. Fowler, J. R. Pascoe, and d. Blasko. 1997. Surgical Removal of Infected Phalanges from an Asian Elephant (*Elephas maximus*). *Journal of Zoo and Wildlife Medicine* 28(2):208-211.

[9] Gilchrist, W. 1851. *A Practical Treatise on the Treatment of the Elephant, Camel and horned Cattle*. Calcutta, India: self-published.

[10] Haight, J., R. henneous, and d. Groves. 1981. Specialized Tools for Elephant Foot Care, In *Recent developments in Research and husbandry at the Washington Park Zoo*, edited by J. Mellen and A. Littlewood, pp. 71-73. Portland, Oregon: Washington Park Zoo.

[11] Houck, R. 1993. Veterinary Care of Performg Elephants. In *Zoo and WildAnimal Medicine: Current Therapy*, 3d ed., edited by M. E. Fowler, pp. 453454. Philadelphia: W. B. Saunders Company.

[12] Mariappa, D. 1986. *Anatomy and histology of the Indian Elephant*. Oak Park, Michigan: Indira Publishing house.

[13] Miall, L. C., and F. Greenwood. 1879. The Anatomy of the Indian Elephant. Part I. The Muscles of the Extremities. *Journal of Anatomy and Physiology* 12:261-287.

[14] Mikota, S. K., E. L. Sargent, and G. S. Ranglack. 1994. *Medical Management of the Elephant*. West Bloomfield, Michigan: Indira Publishing house.

[15] Milroy, A. J. W. 1922. *A Short Treatiseon the Management of Elephants*. Shillong: Government Press.

[16] Nielsen, E. H. 1965. Die Muskulatur der Vordergliedmasse bei *Elephas indicus* (The Musculature of the Forelimb in *Elephas indicus*). *Anatomischer Anziger* 117:S.111-192.

[17] Neuville, H. 1937. Nouvelles Observations sur les Phalanges Ungueales des Elephants (New Observations on the Toenail Phalanges of Elephants). *Bulletin du National Museum de'historie Naturelle*, Paris 9(2):4043.

[18] Oosterhuis, J. E., A. Roocroft, and L. J. Gage. 1997. *Proceedings of the Elephant Foot Care Workshop, American Association of Zoo Veterinarians, Annual Conference*. Houston, Texas. Media, Pennsylvania: American Association of Zoo Veterinarians.

[19] Roocroft, A, and D. A. Zoll. 1994. *Managing Elephants*. Ramona, California: Fever Tree

Press.

[20] Sanderson, G. P. 1879. *Thirteen Years among the Wild Beasts of India*. London: Wm. h. Allen & Co.

[21] Sanyal, R. B. 1892. *A handbook of the Management of Elephants in Captivity*. Calcutta: Bengal Secretariat Press.

[22] Schmidt, M. 1978. Elephants. In *Zoo and Wild Animal Medicine*, 1st ed., edited by M. E. Fowler, pp. 736-739. Philadelphia: W. B. Saunders Company.

[23] Schmidt, M. 1986. Elephants (Proboscidea). In *Zoo and Wild Animal Medicine*, 2d ed., edited by M. E. Fowler, pp. 883-923. Philadelphia: W. B. Saunders Company.

[24] Shoshani, J. 1992. Anatomy and Physiology. In *Elephants: Majestic Creatures of the Wild*, edited by J. Shoshani, pp. 66-80. Emmaus, Pennsylvania: Rodale Press.

[25] Shoshani, J. 1994. Skeletal and Other Basic Anatomical Features of Elephants. In *the Proboscidea: Evolution and Paleoecologyof Elephants and Their Relatives*, edited by J.

Shoshani and P. Tassy, pp. 1&20. Oxford, England: Oxford University Press.

[26] Sikes, S. K. 1971. The *Natural history of the African Elephant*. New York American Elsevier Publishing Company, Inc.

[27] Smuts, M. M. S., and A. J. Bezuidenhout. 1993. Osteology of the Thoracic Limb of the African elephant (Loxodonta africana). *Oonderstepoort Journal of Veterinary Research* 60:1-14.

[28] Smuts, M. M. S., and A. J. Bezuidenhout. 1994. Osteology of the Pelvic Limb of the African Elephant *(Loxodonta africana). Oonderstepoort Journal of Veterinary Research* 61:51-66.

[29] Steel, J. h. 1885. *A Manual of the diseases of the Elephant and of his Management and Uses*. Madras: Assylurn Press.

[30] Wallach, J. and W. Boever. 1983. *Diseases of Exotic Animals: Medical and Surgical Management. Philadelphia:* W. B. Saunders Company.

[31] Wallach, J. and M. Silberman. 1977. Foot Care for Captive Elephants. *Journal of the American Veterinary Medical Association* 171:906-909.

第 2 章　大象足部解剖学

爱德华·C.拉姆齐，罗伯特·W.亨利

虽然纵观历史，大象在生态环境中扮演着重要的角色，但我们对它们的解剖学研究相对较少，而且这些研究只考虑了有限数量的样本。大象的足部疾病尤其如此（Evans，1961；Mikota等，1994）。一项调查北美圈养大象的研究发现，50%的大象有足部问题（Mikota等，1994）。

尽管在系统发育上存在差异，但亚洲象和非洲象的足部组成结构却非常相似。主要的区别是后脚的形状和趾骨与趾甲的数量。这并不是说这两个物种的足部是一样的。野生栖息地的不同以及圈养亚洲象足部病灶的更常见现象表明，这两个物种的足部生物学差异很大。以下描述了这两个物种共有的解剖特征（除非另有说明）。

腿部

大象足部需要承受自身巨大的重量实际上定义了重量传导和骨骼支撑系统的概念。与其他哺乳动物相比，大象前肢和后肢的角度都很小。腿是直的，关节面与腿的轴线在一条直线上。四肢在运动过程中通过最低限度的弯曲来避免过度劳累（Hildebrand，1995）。

大象四肢骨骼粗大，无髓腔。桡骨和尺骨固定于俯卧位（Eales，1928），腓骨与胫骨分开，前肢比后肢长。大象腿长的增加是通过延长近端肢节而不是远端肢节来实现的（Eisenberg，1981）。腿部的外部分界不明显，外观没有明显的脚趾。趾甲的数量因物种而异。

后脚

后脚比前脚小，两侧扁平，形成卵形脚底。这对非洲象来说更为明显。

跗骨由7块骨头组成，排成3排（图2.1）。距骨和跟骨构成近端列，它们之间有两个关节面。距骨呈圆盘状，并在背

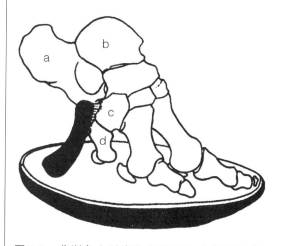

图2.1　非洲象左后脚的骨骼结构（内侧视图）a=跟骨，b=距骨，c=跗骨，d=跖骨。阴影部分是软骨杆或前拇趾。（来自Smut和Bezuidenhout，1994；经*Onderstepoort Journal of Veterinary Research*许可转载）

跖处受压。跟骨结节指向脚底（Smuts和Bezuidenhout，1994）。

跗骨中央骨是第二排跗骨的底骨。4根跗骨（T-1 ~ T-4）构成远端一排跗骨，呈楔形。每一块跗骨都与其相应的跖骨相连，其中T-4也与第五跖骨相连（MT-5）（Smuts和Bezuidenhout，1994）。非洲象的跗骨上有4个独立的滑膜囊（Smuts和Bezuidenhout，1994）。

跖骨有一个扩展的远端，用于与近端趾骨连接。第三跖骨（MT-3）是最大的跖骨，而MT-1是最小的跖骨，有点呈三角形。

大象有一个不寻常的结构——前拇趾，这是一个软骨节，从MT-1和T-1向远端延伸。前拇趾附着在脚底中线的中间，其功能尚不清楚，但它似乎有助于在趾垫上稳定跗骨。

后脚有5根趾骨，呈颅趾方向放射。非洲象第一趾（D-1）只有一个籽骨（Smuts和Bezuidenhout，1994），而亚洲象的第一趾有一个趾骨（P）而没有籽骨（Mariappa，1986）。其他脚趾有成对的籽骨，从脚底到跖趾关节。非洲象的D-2有2个趾骨，亚洲象有3个趾骨（Mariappa，1986）。这两个物种的第三、第四趾都比其他趾大，每个趾都有3个趾骨。每个物种的第五趾有2个趾骨。近端趾骨和中间趾骨呈四边形。第三趾骨略呈纺锤形，具有双侧横突和单个背突。第三趾骨仅松散地与P-2相连，似乎埋在相应趾甲内侧的组织中。第二趾和第四趾有轻微但明显的轴向角，朝向第三趾。

据报道，不同物种之间的趾甲数量不同，非洲象的亚种之间的趾甲数量也不同。非洲象一般被认为有3个亚种（Grzimek，1975）：海角非洲象、草原非洲象和森林非洲象。海角非洲象和草原非洲象的后脚有3个趾甲，保护D-2 ~ D-4的远端。森林非洲象的后脚可能有4个趾甲。亚洲象的每只后脚都有4个趾甲，对应于D-2 ~ D-5。

趾垫是一团纤维弹性组织，占据跗骨和脚底到趾的区域。该趾垫在承受重量时压缩和扩大足部，使象脚成为一个比想象中更有活力的结构。趾垫也有助于将动物的重量分配到整个脚底。尽管缺乏外部可识别的脚趾，但象脚的结构是趾性。然而，负重时脚趾的伸展可能会导致后脚变成半跖行。趾垫血管化不良，有大量脂肪团缠绕在其中（Sikes，1971）。亚洲象趾垫由脚底趾动脉提供血流，受掌指神经支配（Mariappa，1986）。

一种柔软的、4 ~ 12cm厚的角质化垫覆盖在脚底表面。去掉角质垫后，可以看到脚上有许多压痕，这些压痕是延伸到足部敏感的真皮层的突出物（Evans，1961）。角质化垫和下层的敏感结构大概是由这些突出物或乳头连接起来的。

趾甲是在表皮外层形成的角质化的薄板结构，与某些脚趾的远端相对应。趾甲的内侧含有垂直的薄板，与远端趾的薄板相互交错（Evans，1961）。在脚趾甲上方有少量汗腺（Schmidt，1986）。

关于大象足部肌肉组织的报道很少，

其中一些是基于对单个胎儿的解剖。这些报告都没有描述解剖的临床方面。由于临床上最严重的足部问题涉及趾的远端，下面的讨论仅限于趾骨上的肌肉。

非洲象后脚的趾外侧伸肌插入MT-5的外侧，P-1和P-2插入D-5，P-1、P-2和P-3插入D-4。趾长伸肌插入D-3和D-2的P-1、P-2与P-3。短的趾伸肌插入外侧深表面，趾长伸肌插入跖骨区域。D-3的外展肌插入P-1的远端侧面和P-2的近内侧。

趾深屈肌向趾垫背侧延伸。它的肌腱在P-2和P-3或进入D-2～D-4的甲床和纤维表面，趾浅屈肌在腕骨脚底形成了趾深屈肌腱的突起并向外侧和内侧插入D-2～D-5的籽骨间到达每个趾的P-1远端和P-2近端。趾浅屈肌从脚底延伸到趾前和趾垫。趾甲纤维从D-3和P-1向远端延伸至脚底，并将脚底与趾垫分开。

亚洲象的足部肌肉组织与非洲象相似，差别不大。Shindo和Mori（1956a）描述了亚洲象的趾长伸肌、D-5伸肌和腓骨第三肌，它们融合在一起形成一个巨大的腹部肌肉。融合肌分为内侧和外侧两部分。内侧部分分别插入内侧的D-2和外侧的D-3。外侧部分为浅表部分，插入D-5的背外侧表面，较深的部分（对应腓骨三头肌）插入MT-4。在对非洲象的解剖中，从这个复合体中产生的肌腱有一个类似于单个肌肉的附属物。

很少有关于大象足部血管和神经组织的详细报道。在非洲象中，胫前动脉沿着胫骨头肌内侧延伸，但在跗骨处变小。胫

尾动脉和成对的静脉向远端走行，在跟骨处分为内侧和外侧血管。胫尾动脉和成对的静脉向远端走行，在跟骨处分为内侧和外侧血管。内侧支与胫神经一起穿过跗骨管。胫后动脉外侧分支经MT-5内侧，然后分为大皮分支和D-5的轴动脉和轴外动脉。配对的胫前静脉从D-3的趾背静脉和MT-3与MT-4之间的脚底静脉流出。Mariappa（1986）描述了亚洲象胎儿的胫骨动脉深入根骨结节的趾屈肌深部，并在此分为内侧和外侧分支。内侧支与脚底内侧神经一起延伸到趾垫。侧支也延伸到趾垫。腓深神经支配趾背神经。

前脚

腕骨呈块状并排成2排，每排4块（Smuts和Bezuidenhout，1993）。近端包括桡侧腕骨、尺侧腕骨、中间腕骨和副腕骨（图2.2）。远端那排骨头被称为腕骨（C-1～C-4），C-1～C-4关节与对应的掌骨（MC）相连，C-4也与MC-5衔接。大象腕骨的位置和关节与其他有蹄类动物不同，允许腕骨很少外展（Mariappa，1986）。亚洲象的3个腕关节（尺桡关节、腕间关节和腕掌关节）都有自己的滑膜囊（Mariappa，1986）。

前脚腕骨远端的区域类似于后脚（Smut和Bezuidenhuot，1993）。有前拇趾，从C-1和MC-1向远端，延伸并连接到脚底内侧至中线，有5个脚趾。

非洲象的D-1有1个趾骨和1个籽骨，但是亚洲象D-1有2个趾骨和1个籽骨。其他的脚趾是从脚底到跖骨-趾骨关节成对的

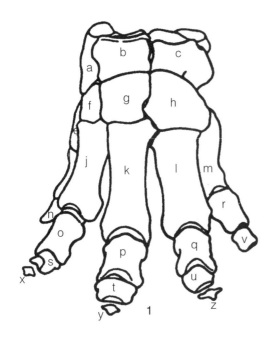

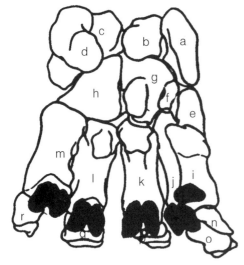

图2.2 非洲象左前脚的骨骼结构。1=背侧面，2=掌侧面，a=桡侧腕骨，b=中间腕骨，c=尺侧腕骨，d=副腕骨，e=腕骨Ⅰ，f=腕骨Ⅱ，g=腕骨Ⅲ，h=腕骨Ⅳ，i~m=掌骨1~5，n~r=趾的近端掌面1~5，s~v=中间趾的趾骨1~5，x~z=趾的远端趾骨2~4。阴影部分为近端籽骨。（Smut和Bezuidenhout 1993；经*Onderstepoort Journal of Veterinary Research*许可转载）

籽状。第五脚趾有2个趾骨，第二、三、四脚趾有3个趾骨。与后脚相似，第三趾骨最大，近端趾骨和中间趾骨呈四边形。第三趾骨略呈纺锤形，两侧有横突和单个背突。

海角非洲象和草原非洲象前脚有4个趾甲，保护D-2~D-5的远端。森林非洲象和亚洲象的前脚有5个趾甲，两种大象的前脚底都是圆形的。

亚洲象D-5的伸肌（腕伸肌）（Eales，1928）在尺骨腕伸肌内侧走行，然后插入D-5的近端和末端趾骨上。Miall和Greenwood（1878）报告说它也附着在D-4的基部。普通趾伸肌（趾长伸肌）（Shindo和Mori，1956b）或趾总伸肌（Mariappa，1986）在腕骨处分为内侧和外侧肌腱，进一步分裂并附着于D-2和D-3以及D-4和D-5，并进入P-3和趾甲。掌长肌穿过掌骨至腕骨，在趾垫上呈扇形向外伸展，弥漫性插入D-1~D-5。趾长屈肌起源于肱骨并分叉插入每根脚趾的远端趾骨。

亚洲象的正中动脉与正中静脉和正中神经一起穿过前臂内侧到达腕骨，在那里成为掌骨动脉。正中动脉的分支包括骨间动脉，下行至MC-5的外侧，并继续成为第五趾动脉（Mariappa，1986）。然后掌骨动脉进入掌骨深处，从第一趾背动脉分支出来，然后向外侧和腹侧拱成深掌弓。D-2~D-5的掌骨动脉从这个弓分支开始成为掌趾动脉，再分支供应腕关节，以及D-2~D-5的掌骨背动脉，它们继续成为趾背动脉。

正中神经与正中动脉和正中静脉一起延伸到腕骨。在腕骨下面，它分成4个末端分支，成为D-1～D-4的掌趾神经，伴随D-1～D-4的趾屈肌腱。桡神经支配趾背神经D-1～D-3。趾背神经4和趾背神经5是由尺神经背支形成的，尺神经背支与桡神经相连。尺神经的掌支形成D-5掌趾神经（Mariappa，1986）。

结论

对大象足部的解剖学研究还需要更多的信息。两个物种的脚趾甲和脚底的组织学描述应该能识别物种之间的差异，并有助于我们理解为什么物种在圈养中足部健康状况不同。进一步研究趾甲与远端趾骨之间的关系将有助于大象管理人员和兽医更明智地修剪趾甲和护理趾甲病灶。此外，对脚底与下层组织之间的界面的详细描述应该有助于我们了解脚底脓肿和分离的发病机制。

延伸阅读

[1] Eales, N. B. 1928. The Anatomy of a Foetal Elephant, *Elephas africanus (Loxondonta africana). Part Ⅱ.The Body Muscles. Transactions of the Royal Society of Edinburgh* 55 (Part 111): 609-642.

[2] Eisenberg, J. F. 1981. The Mammalian Radiations: *An Analysis of Trends in Evolution, Adaptation, and Behavio:* Chicago: The University of Chicago Press.

[3] Evans, G. H. 1961. *Elephants and Their diseases: A Treatis on Elephants.* (1910; reprint, Rangoon, Burma: Supert. Govt. Print. and Staty).

[4] Grzimek, B. 1975. *Grzimek's Animal Life Encyclopedia.* New York: Van Nostrand Reinhold Co.

[5] Hildebrand, M. 1995. Form, Function and Body Size. In *Analysis of Vertebrate Structure,* edited by M. Hildebrand, pp. 453454. New York: John Wiley & Sons, Inc.

[6] Mariappa, D. 1986. *Anatomy and histology of the Indian Elephant.* Oak Park, Michigan: Indira Publishing house.

[7] Miall, L. C., and F. Greenwood. 1878. *Anatomy of the Indian Elephant.* London: McMillan and Co.

[8] Mikota, S. K., E. L. Sargent, and G. S. Ranglack. 1994. The Musculoskeletal System. In *Medical Management of the Elephant,* edited by S. K. Mikota, E. L. Sargent, and G. S. Ranglack. West Bloomfield: Indira Publishing house.

[9] Schmidt, M. 1986. Elephants (Proboscidea). In *Zoo and Wild Animal Medicine,* 2d ed., edited by M. E. Fowler, pp. 883-923. Philadelphia: W. B. Saunders Company.

[10] Shindo, T., and M. Mori. 1956a. Musculature of the Indian Elephant. Part 11. Musculature of the hindlimb. *Okajimas Folia Anatomica Japonica* 28: 114-147.

[11] Shindo, T., and M. Mori. 1956b. Musculature of the Indian Elephant. Part 1. Musculature of the Forelimb. *Okajimas Folia Anatomica Japonica* 28:89-113.

[12] Sikes, S. K. 1971. *The Natural history of the African Elephant.* New York: American Elservier Publishing Company, Inc.

[13] Smuts, M. M. S., and A. J. Bezuidenhout. 1993. Osteology of the Thoracic Limb of the African Elephant *(Loxodonta africana). Onderstepoort Journal of Veterinary Research* 60: l-14.

[14] Smuts, M. M. S., and A. J. Bezuidenhout. 1994. Osteology of the Pelvic Limb of the African Elephant (Loxodonta africana). *Onderstepoort Journal of Veterirzaty Research* 61:51-66

第3章　营养的作用及其可能对大象足部护理的影响

威廉·C.萨德勒

引言

韦伯斯特将营养物质定义为"能够滋养或促进生长并修复有机生命自然损耗的物质"。健康营养的关键是提供适当水平的多种不同营养物质。提供一种营养素或一类营养素很少能单独解决问题。对健康最好的比喻仍然是一条链子。所有的营养物质都必须紧密地联系在一起，以保证良好的整体健康。本章将讨论一些关键的营养物质，这些营养物质经常与大象的足部和趾甲的护理有关，但单靠营养物质绝不能解决这些问题。

能量及其在控制体重中的作用

管理足部健康的一个关注点必须是大象足部的负重。体重的增加肯定会对大象足部施加额外的压力，再加上坚硬的地面和缺乏锻炼，这些都是致病的因素。因此，控制体重应该是支持适当足部护理的首要重点。能量或热量基本上是燃料，当燃料过剩时，它会以脂肪的形式储存起来，从而增加动物的体重。对于食草动物来说，热量有多种形式。主要来源是草料和人工饲料。虽然它们在蛋白质、维生素和矿物质方面可能是平衡的，但饮食中的总热量可能会超过每日所需，从而导致大象体重增加；另一种热量来源是零食，比如苹果、面包、胡萝卜等。作为单独的项目，这些款待不需要担心，可以提供丰容。但是当这些食物的摄入量超过每日摄入量的5%时，就应该注意减量了。牧草质量也应加以监测，高质量的干草可能产生太多的热量。因此各种干草必须混合投喂以防止可能导致体重控制问题的过量膳食热量。

生物素

许多动物园在补充生物素，以改善大象脚和趾甲的健康。到目前为止还没有明确的研究结果证实或否认这种做法的价值。本节将提供当前的相关信息，以帮助个人作出关于使用生物素的明智决定。保持足部健康当然是管理的职能，没有哪些可以代替适当的修脚以及合适的基材和地板，并经常保持卫生。

生物素是一种水溶性B族维生素。它的主要功能是将二氧化碳固定在细胞中，这在许多生物中都是必需的关键的代谢途径，如脂肪酸和能量代谢。同许多维生素一样，生物素的作用是一种辅酶或"助手"，用于增强细胞功能，类似于汽车里的燃油。因为生物素是一种维生素，动物不能产生满足正常代谢的足够需求。胃肠道细菌是一个极好的生物素来源，因为它们可以是简单的营养，在后面的章节中会继续讨论。

天然形式的生物素（如苜蓿、大豆、大米、肝脏、酵母）都与一种蛋白质有关，需要酶来促进吸收，这种酶通常出现在小肠，特别是空肠。大象可以从3种途径获得生物素：注射、口服补剂或通过肠道细菌吸收。已知或了解的细菌来源是最少的。虽然后肠不存在酸消化或主动吸收系统，但人们普遍认为被肠道细菌分解产生的营养物质可以进入人体，这已经通过抗生素研究被证实。当肠道细菌被杀死或显著减少时，维生素缺乏症就会出现。然而，大象通过这种方式获得的生物素的数量仍然未知。

野生大象消耗的生物素的数量也不得而知。虽然已经分析了一些草和其他植物，但尚未进行分析其他来源如可能含有细菌的水。粪食（消耗粪便物质）的做法肯定会影响许多营养物质的水平，包括生物素。

生物素缺乏出现的症状包括鳞状皮炎、皮肤干燥、黏膜变灰、抑郁和肌肉疼痛。人每天给予150～300mg的生物素，持续3～5d，症状可以得到缓解。多余的生物素部分通过尿液排出体外，部分储存在肝脏中。给婴儿大量的生物素（例如注射5～10mg），没有不良反应。因此，生物素似乎是安全的。

剂量研究 因为马的消化系统与大象相似，所以它经常被用作模型。Ullrey等（1988）进行了试验，测量马和大象对生物素的吸收。在这两种动物中，口服剂量的生物素增加了其血液浓度，但只持续很短的时间。马体内的生物素水平大约在12h内恢复到基准水平，大象体内的生物素水平大约在16h内恢复到基准水平。虽然没有从大象身上收集尿液，但从马身上收集了尿液。尿液中含有高水平的生物素，与血液中的生物素相符，这证实了过量生物素能通过尿液排出的假设。在马的研究中，估计保留的剂量不到1%（50mg/500kg）。

使用血液值来指示营养状况的困难是，它们经常是不准确的。一般来说，只有在严重的情况下，它们才能合理地预测出问题或治疗方法。确定任何营养素在体内状态的关键是量化组织浓度。但这通常很难在动物机构中获得，因为它们要么需要活组织检查，要么需要牺牲动物。

这些剂量研究支持了大象不储存高水平生物素的观点。据推测，使用24h的给药频率，持续12～16h增加血液中的生物素浓度可能会增加这种维生素的组织水平。

蹄的研究 对大量接受普通足部护理的人象进行双盲研究显然是一个理想的研究设计。到目前为止，还没有在大象身上进行过这样的研究，但在马身上进行过。瑞士研究人员对97匹马进行了1～6年的研究，以确定口服生物素补剂是否会改善马蹄的健康状况。该研究得出结论，口服补充生物素（5mg/100～150kg）确实可以提高蹄强度并减少开裂情况。这项研究使用了11匹对照马和86匹治疗马。每3个月测量蹄强度并进行组织学评价。在8～15个月后可以看到明显的改善。一些动物停止口服生物素补剂，并监测蹄部状况，10例患病马中有7例在停用口服补剂后马蹄病情恶化。在英国进行的另一项案例研究也得到了类似的结果。

蛋白质

任何动物的皮肤和趾甲主要是由蛋白质组成的。人体皮肤质量占人体总质量的6.9%，是人体第五大器官。因此，需要大量的营养物质来维持这个器官的正常运作。看起来（基于动物园里通常喂养的食物）蛋白质缺乏的可能性不大。Dierenfeld（1994）认为维持8%的蛋白质水平是勉强够用的。来自尼泊尔的数据表明，大象消耗的饲料在干物质基础上的蛋白质含量为3.94%～4.63%时，大象处于健康状态。一项对北美动物园许多大象饮食的比较研究表明，大象对蛋白质的需求总能得到满足甚至超过。

微量矿物质

由于矿物质的相互作用，在任何饮食中提供适当水平的所需微量矿物质都是一项挑战。锌（Zn）、硒（Se）和砷（As）是值得讨论的3种微量元素，因为它们在皮肤和足部护理中的重要性很强。锌对皮肤和趾甲的生长起着至关重要的作用。希腊人是最早通过使用炉甘石洗剂（$ZnCO_3$）

注意到锌的治疗特性的。两项关于人体伤口愈合的研究表明，50mg锌（如$ZnSO_4$）可以提高伤口愈合的速度。人类缺乏锌可导致严重的皮肤损伤、腹泻和脱发。在烧伤患者和肾损害患者体内会出现锌流失现象增加，证明了锌在维持皮肤健康中的重要作用。关于大象微量元素需求的数据有限，但需求确实存在。尼泊尔的大象食用的饲料中锌含量为20～52mg/kg不等。在马的所有生命阶段，公认的锌需求量为40mg/kg［美国国家研究委员会（NRC），1989］。非洲象的血锌浓度为15.1～18.4μmol/L。

由于锌在维持皮肤正常运作方面的重要作用，需要对饮食、血液状况和饮食中锌的形式进行谨慎评估，可能对明显有足部和/或趾甲问题的病例有用。锌似乎是毒性最小的矿物质之一，因此，在该委员会建议的水平之上提供额外的剂量应该不会引发问题。然而，锌会干扰铜的吸收，所以过量可能是有害的。

在对大鼠、山羊、迷你猪和鸡的大量研究中，砷被认为是一种必需的微量元素。实际上我们对砷的作用所知甚少，但它对角蛋白有很高的亲和力。角蛋白是构成皮肤、头发和趾甲角质层的蛋白质。似乎大多数天然食材都含有足量的维生素A，然而，硒与砷在吸收方面存在竞争。

随着最近对维生素E在大象营养中的作用及其与硒的相互作用的关注，现在经常将硒添加到大象饮食中。如果一个机构出现大象足部和趾甲问题，测定硒的浓度，包括膳食和补充，可能是有价值的。记住，硒的需求量和毒性水平之间的范围很窄，如果管理不当，很容易过量。应该强调的是，没有数据表明高硒可能导致趾甲和脚出现问题。然而，提供均衡的微量矿物质元素当然是任何饮食的目标。

致谢

本章的部分内容摘自《大象管理协会杂志》（1998年，第9卷，p.55～p.56）。

延伸阅读

[1] Dierenfeld, E. S. 1994. Nutrition and Feeding. In *Medical Management of the Elephant*, edited by S. K. Mikota, E. L. Sargent, and G. S. Ranglack, pp. 69-79. West Bloomfield, Michigan: Indira Publishing House.

[2] National Research Council (U.S.). 1989. *Nutritional Requirements for Horses*, Rev, 5th ed. Washington, D.C.: National Academy Press.

[3] Ullrey, D. E., K. J. Williams, P. K. Ku, A. H. Lewandowski, and J. G. Sikarskie.1988. Pharmacokinetics of Biotin in Horses and Elephants. In *Proceedings of the Annual Meeting, American Association of Zoo Veterinarians, Toronto, Canada*, pp. 203-204.

第4章　记录保存对亚洲象足部护理的帮助

查理·鲁特考斯基，拉伊·霍珀，弗雷德·马里昂

引言

足部护理是圈养亚洲象的一个重要的饲养组成部分。可能需要很长时间才能解决这个问题，而且需要制定科学的修脚时间表，同时需要充分和准确地记录。有几种方法可以做好记录：首先也是最重要的是书面记录保存系统；其次是结合静态照片来增强书面记录；最后，一个实际修剪过程的视频可以显示对脚做了什么。

书面记录保存系统

随着计算机的出现，记录保存已成为一个非常简单的过程。使用基于Windows的数据库系统，可以很容易地保存日常记录并从中提取足部护理信息。修剪完一只脚后，在每日记录中做笔记。例如，可以记录右前脚的5号趾甲已经成形，或者已经开始进行维修修剪。数据库的"查找"功能可以用来定位所有趾甲成形或维修修剪的记录。"查找"功能应该显示一个列表，按日期排序，记录在指定的时间段内完成的所有脚修剪情况。打印出数据来查看所做事情的历史记录和频率，只需敲击几下键盘。

在使用计算机记录时，重要的一点是每个人都使用相同的术语。可以通过使用"查找"或"搜索"命令查找选定的关键字。如果该单词没有出现在记录中，则无法找到。有两种方法可以解决这个问题：首先可以发出多个搜索请求，其次每个向数据库输入数据的人都必须熟悉一组定义好的关键字。

大象的足部护理过程中经常会出现各种状况，所以记录药物使用情况和治疗效果很有价值。同样，建立数据库非常有用，输入数据库中的数据可以包括某一治疗方案的起止时间，以及相关治疗结果的任何重要评论。通过关键词搜索"修脚"，可以很容易地检索出所有相关信息，例如将大象的脚浸泡在双氯苯双胍己烷（氯己定）溶液中。使用"查找"功能在相应的字段中输入"双氯苯双胍己烷（氯己定）"一词，将出现包含"双氯苯双胍己烷（氯己定）"一词的所有记录。一份完整的记录，显示治疗起始时间，以及治疗结果，可以打印出来。可以将这些信息归档到大象单独的足部护理档案中。我们认为足部护理是一个重要的问题，每头大象都应该有自己的足部护理档案，里面有所有的记录和照片。

照片

记录大象足部护理的一个更有用的工具是照片。通常当我们将足部护理信息输入记录保存系统时，我们会用文字来描述发现，但文字留给我们的想象空间很大。我们尝试在预先绘制的脚模板上通过绘图或着色来显示正在发生的事情，但每一件事情都容易受到个人解释的影响。此外，绘制模板或绘图往往需要很长时间。我们发现越简单越好。目前我们尝试在每只脚修剪前后拍摄照片。对于那些没有足部问题的大象，我们每年至少尝试两次使用照片来记录基准条件。如果相机有在每张照片上显示日期的功能，那就更有帮助了，这就避免了额外记录照片拍摄时间的麻烦。

视频

第三种保存足部护理记录的方法是通过拍摄足部护理过程，并描述对脚做了什么以及为什么这么做。视频可以记录重要的视觉信息，比如大象的步态。这种方法的一个缺点是需要花费大量时间来搜索确切的日期或特定的片段。它远不如一个装满日期照片和记录的足部护理档案方便。

结论

计算机数据库生成的书面记录与照片相结合已被证明是一种有价值的工具。它们可以决定性地表明，什么时候对一种疾病的治疗产生了良好的效果，什么时候失败了。该记录保存系统也可以帮助我们制定预防性足部保养的时间表，并随着时间的推移向我们展示结果。

第二部分

日常足部护理方法

第 5 章 圈养大象的足部护理

艾伦·罗克罗夫特,詹姆斯·奥斯特豪斯

引言

自大象被圈养以来,大象足部护理已经有几百年的历史了。圈养大象经常遇到足部健康问题,治疗方法多种多样。为治疗这些足部疾病而选择的治疗方法和为预防这些足部疾病发生而采取的措施可以影响圈养大象的整体健康。

圈养大象的方法有很多,而适当的大象足部护理方法是什么,意见并不统一。下面简要介绍一下我们认为影响大象足部健康问题的因素,什么是良好的足部护理实践,如何处理大象足部健康问题,以及如何预防这类问题的发生。

我们相信,无论足部护理计划多么完善,最终还是会出现大象足部健康问题,因为这是圈养大象带来的必然结果。我们也相信,无论机构允许大象接触的类型如何,适当的足部护理都是可以完成的。

影响足部护理计划实施的因素

机构理念 圈养大象的方式有很多,这是由于参与管理圈养大象的人背景不同以及意见不同而出现的必然结果。大象护理遵循的理念最终是由各个机构制定的,并通过该机构的管理人员来实施。

允许的接触类型 有许多因素决定了每个机构允许其大象训导员进行的接触类型,其中包括:高层管理人员和直接负责大象护理的工作人员的业务知识,该机构愿意承担的责任程度,大象的处置,员工在过去进行大象足部护理时的受伤情况。不同类型的接触需要不同的足部护理策略。但无论采用哪种接触方式,只要经过适当的训练,大象的足部都可以得到很好的照顾。

人员的能力 员工的经验要么是一个完善的培训计划的直接结果,要么是最初雇用知识渊博的专业人员,要么是两者的结合。在任何情况下,工作人员的能力都是一个机构大象足部护理计划顺利实施的指导因素。

大象的行为倾向 大象的性格、脾气和性情会影响任何足部护理项目的整体效果。大象越听话,项目就越容易实施。此外,因为大象存在个体差异,所以需要在一群大象中使用不同的护理方法。一个成功的大象足部护理项目可以绘制每头大象一生的轨迹,并在此过程中进行定期审查。

饲养锻炼对足部健康至关重要

充足的锻炼 充足的锻炼是正确饲养

大象的最重要方面之一（图5.1）。维护足部健康需要锻炼所有的关节、肌腱和韧带。如果缺乏锻炼，大象（尤其是老年大象）容易出现足部健康问题。然而，工作人员往往忽视了大象充分锻炼的必要性。因此，圈养大象变得超重，锻炼或移动变得困难。每天1~2h的散步是促进大象心血管健康活动所需的最少时间。这应该是有监督的运动，而不仅仅是在展出过程中闲逛。

适当的卫生　野生大象每天2次到水坑喝水和社交。在这几个小时里，它们游泳，在泥里打滚，把泥土扔到自己身上，并将它们庞大的身体与其他大物体摩擦。这个过程可以清洁和擦洗它们的身体进而促进皮肤恢复活力。此外，它们用脚在水源周围的湿沙中挖掘，以此清洁和擦洗趾甲之间和角质层周围。虽然人们通常认为野生大象的脚不美观或没有得到好好修整，但它们足够健康且功能齐全。

圈养环境中大象的脚经常暴露在自己的尿液和粪便中，这是被长时间关在内舍里的结果，有时一天几h，有时一天长达16h。因此，为了降低尿液的腐蚀性成分和粪便的传染性成分沾到它们的脚和腿上造成伤害，必须保证卫生，包括每天用硬钢毛刷蘸肥皂水擦洗大象的脚和腿（图5.2）。

定期修脚　需要定期修整圈养大象的脚。与野生大象不同，它们往往每天要在不同的基材上行走长达18h，而相对久立不动的圈养大象则很少有机会磨损它们的足垫。足垫过度生长和出现裂纹，便为感染提供了条件。趾甲也需要定期护理，这样它们就不会因为过度生长并相互挤压。拥

图5.1　正在锻炼的大象

图5.2　饲养员正在擦洗大象的腿

挤减少了趾甲之间的空间，导致粪便和水分滞留，创造了感染环境（图5.3）。按照90d的定期时间表进行正确、有效的修脚将降低大象出现足部问题的概率。

　　天然基材　不幸的是，大多数圈养大象大部分时间都站在混凝土或沥青地面上。大象一天中的大部分时间应该被安置在有弹性的、交互式的、柔软的地面上。基材允许挖掘可以锻炼和加强大象腿部和足部的肌肉、肌腱及关节功能。这种锻炼和活动可以保证大象拥有足以支撑一生的健康足部（图5.4）。

合适的足部护理过程

　　经验丰富的工作人员　工作人员的经验是大象足部护理项目的关键组成部分。然而，很少有工作人员能完全胜任大象足部护理的整个过程。只有当工作人员有机会与不同年龄的圈养大象进行互动，并接受过不同的管理方式后，他们才能接触到各种大象足部问题，进而掌握到正确的处理方法。

　　驯化的大象　为了正确地给大象修脚，工作人员必须对大象进行驯化，使其在一段时间内将脚展示给工作人员，以便完成足部护理。如果大象没有被驯服，整个足部护理计划就注定要失败。受过训练的大象还必须向工作人员展示它的足部，这样才能让人接触到每只脚的所有区域和表面。

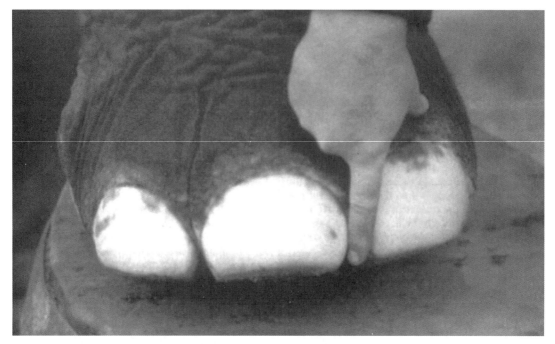

图5.3　趾甲之间有足够空间的健康象脚

图5.4　大象挖洞以锻炼腿部和关节

可靠的设备 一套磨尖的足疗工具对于适当的足部护理是必需的。同样重要的是搁脚凳和其他足部支撑物。有时有必要抬高大象的足部高度，使大象和工作人员都感到舒适。在图5.5中，通过使用轮胎以增加象腿的高度，给大象提供舒适的足部护理过程。

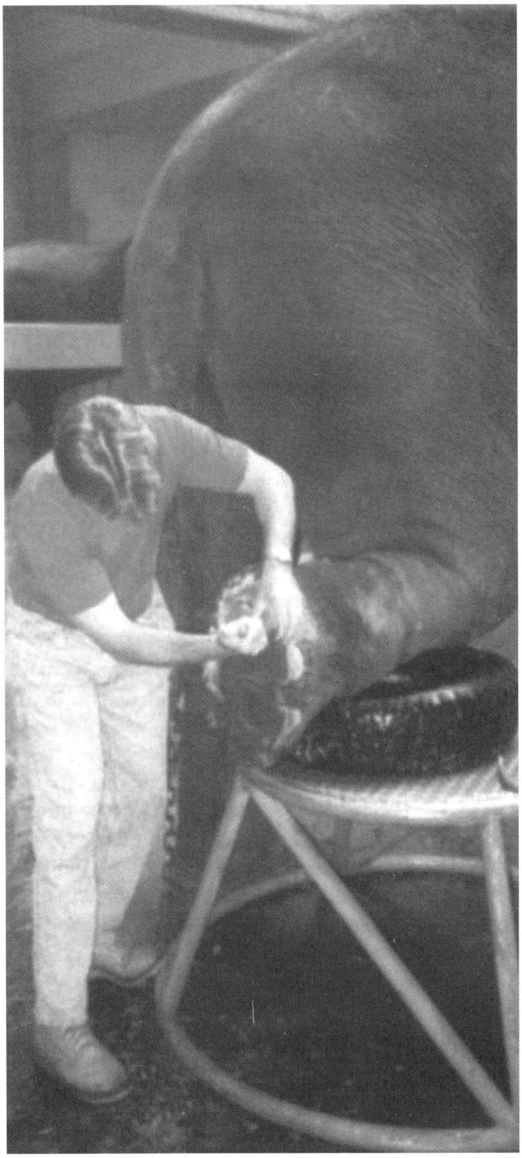

设施设计 设施设计对于采用远程处理或保护性接触管理实践的机构尤为重要。在这种情况下，设施设计必须使大象能够将脚呈现给工作人员，使工作人员能够以安全和舒适的方式接触到象脚的所有表面（图5.6～图5.8）。

充足的时间 有足够的时间来实施足

图5.5 工作人员使用轮胎来增加大象腿的高度

图5.6 前足垫和趾甲的呈现

部护理计划可能是适当的足部护理最重要的组成部分。如果时间不充足，经验再丰富的工作人员、再好的设备加上训练有素的大象和精心设计的设施也是徒劳的。

修脚

物种差异 如果工作人员对大象的

图5.7 后脚脚底的呈现

足部解剖，特别是其表面结构有一定的了解，那么就会在一定程度上保证足部护理的成功率。了解大象在日常活动中的用脚方式也很重要。圈养的非洲象和亚洲象通常有明显不同的足部护理需求，这可能源于它们各自的自然生存环境与圈养过程中相对平静的生活方式之间的差异。非洲象几乎不需要趾甲护理。大多数足部护理关注的是足垫修剪。足垫的生长可能是为了适应野生非洲象每天需要在相对坚硬干燥的地面上行走数千米寻找食物和水。而亚洲象的自然生存环境中气候通常更加潮湿，植物更加茂盛，足垫护理的时间相对较少，需要花大量时间对趾甲和角质层进行护理，一般来说，随着年龄的增长这两个物种都需要更多的足部护理，尤其是圈养大象。圈养的后果慢慢地影响到年长的大象，缺乏锻炼是导致需要增加足部护理的最主要原因。

合适的工具 使用合适的工具对于提高大象足部护理效率至关重要。工作人员还需要掌握如何完善和保养工具。比如，一把适当磨尖的蹄刀是很有用的，因为它可以快速有效地修剪趾甲、足垫和角质层，特别是在象脚的敏感部位。合适而高效的工具可降低大象放置脚的时间，减少大象的应激行为，并能够促使大象在未来的足部护理中更加配合。

所需的基本工具很简单：两种尺寸的蹄刀，配上合适的磨刀石和蹄锉。这些工具可在大多数农场供应商店购买（图5.9～图5.13a）。

图5.8　后脚趾甲的呈现（在许多受保护性接触管理系统中不常见）

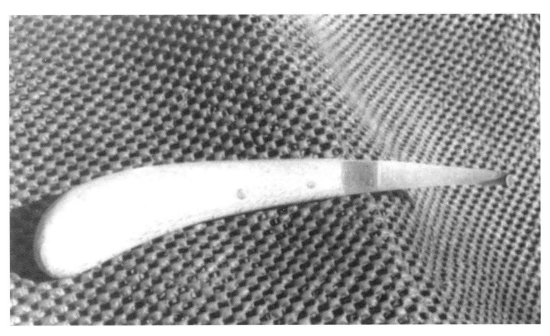

图5.9　小刀（刀刃长5.7cm、宽0.4cm）

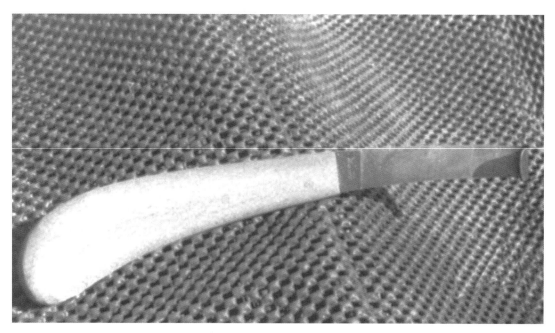

图5.10 大刀（刀刃长7cm、宽1.3cm）

图5.11 小磨刀石（15cm）

图5.12 大磨刀石（20cm）

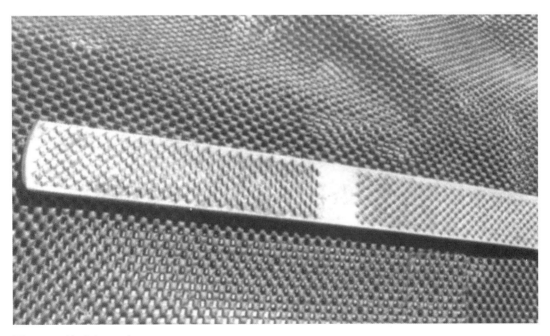

图5.13a 锉刀（28cm）

与其他护理过程一样，个人偏好、特殊需求和经验使得有人会使用其他类型的修脚工具，如美工刀、树木嫁接环、木工拔刀和锉刀。有些人在做大象足部护理时还会使用到电动工具（图5.13b）。笔者强烈反对使用电动工具，因为它很容易去除过多的组织，进而对象脚造成严重的伤害。此外，电动工具噪声大，还会产生强烈的振动和热量。工作人员普遍认为蹄刀和锉刀是进行大象足部护理的最佳工具。

在修剪象脚时，避免频繁暴露敏感组织是很重要的。割得太深或造成出血会导致大象在操作过程中无法放松进而不愿合作。还有一个重要的工具是标准搁脚凳，便于正确定位大象的脚以进行修剪（图5.14～图5.17）。对于一般大象来说，一个正常大小的搁脚凳可以保证它舒服地待很长一段时间。对于可能需要在足部护理过

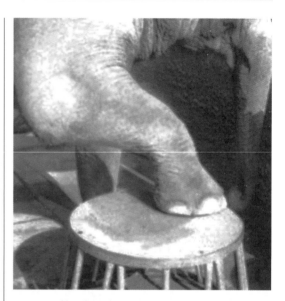

图5.14 使用标准象搁脚凳定位脚部以进行修剪

图5.15 当没有可用的常规设备时，树桩可以很好地定位脚

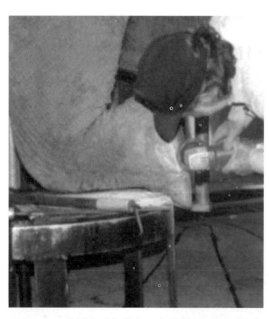

图5.13b 使用电动打磨机，如果使用不当可能会对大象的脚造成严重伤害

图5.16　在一个古老的大象机构里，使用旧啤酒桶进行大象足部护理

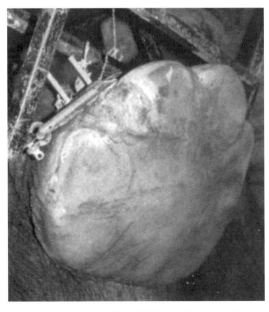

图5.17　另一种类型的搁脚凳，它们有各种形状和大小

程中变换位置的成年大象来说，使用轮胎作为搁脚凳上的垫子非常有用，特别是对于后脚。它可以给大象足部提供舒适感，并有助于减轻膝盖上的压力，从而使大象更容易接受这个过程。对于那些在受保护的接触管理系统中管理的大象，目前已经开发出了不同类型的马镫和足部支架来实现相同的目标（图5.18）。

脚的位置　为了进行常规的足部护理，必须训练大象将脚置于4个正常位置（图5.19）。特殊情况下可选择的位置如图5.20～图5.22所示。正确的训练技巧是必不

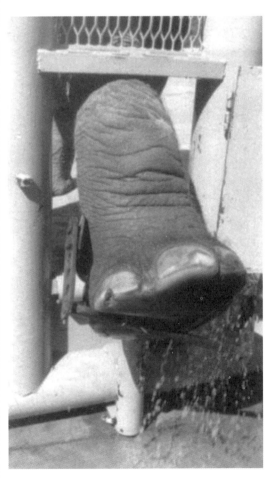

图5.18　保护性接触管理系统中的马镫

图5.19　标准脚位

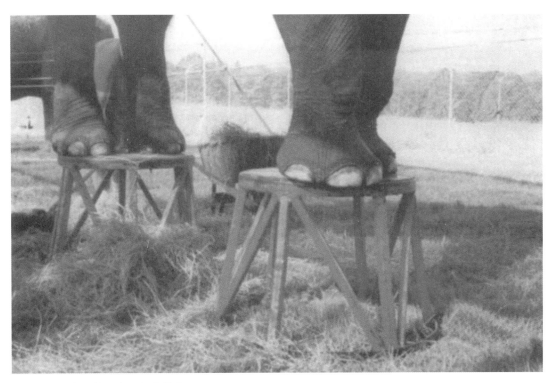

图5.20　马戏团使用的足部修剪位置

图5.21　大象躺着修脚

图5.22　用于足部修剪的限制性滑槽

可少的，重要的是要缓慢进行，分阶段引入不同的工具和设备，这样可以让大象有足够的时间来建立信心，并了解在护理过程中需要它如何配合。大象会对足部护理过程变得不敏感，进而理解和接受。

方法和时间框架　"工作"的成年亚洲象（有规律的、有监督的锻炼或活动的大象），其足部护理间隔是3个月。动物园里站着的大象很少活动，它们通常需要更多的足部运动，特别是当它们像工作象一样被喂养时。对于定期进行足部护理的大象来说，每只脚需要1h的护理时间。对于那些将大象足部护理工作提升到最高优先级的机构来说，设定时间框架可能并不重要（即使在正常情况下，足部护理也不如设施卫生、每天给大象洗澡或保持工具清洁锋利重要）。在其他有时间限制或实施大象环境丰富计划的机构中，在尽可能短的时间内提供尽可能好的足疗是非常可取的。

然而，通常情况下，足部护理似乎

仅是大象工作中的一个方面，没有得到管理层的充分关注。笔者认为，部分原因是缺乏一个机构，用于测试和探索足部护理过程或教学课程，教授全面的足部护理知识。

另一个不常被遵守的规则是及时完成足部护理。一个完整的足部护理过程是维持大象健康的重要措施。一旦开始，就应该分配足够的时间来完成。当首先进行大象足部护理的人无法完成时，留下的一部分未修剪完的象脚，会对下一个工作人员造成困惑。知道从哪里开始进行足部护理，而且可能预判出何时完成是一种技能，只能通过经验积累来掌握。

趾甲　野生非洲象和亚洲象生活在不同类型的栖息地，并进化出了不同类型的觅食习惯。非洲象已经进化成一个吃高处草木的动物，正如它的鼻尖形状那样，像一个全然不同的"手指"。还有它巨大而灵活的鼻子，这让动物园和马戏团的游客感到惊讶。非洲象的足部受到的压力较小，因为它们倾向于啃食，它们觅食时用鼻子比用脚多。人们普遍认为，圈养的非洲象比亚洲象需要更少的足部护理，即使在年龄较大的象中也是如此。

相比之下，亚洲象有更强健的足部结构，这被认为是由于它的放牧方式而进化出来的。亚洲象的鼻子不如非洲象灵活。象鼻的尖端有一个"手指"和与之相对的一个巨大的手掌状附属物。象鼻的结构和力量使亚洲象能够在用脚耙草的同时，抓住大块的草并把它们从地里拔出来。亚洲象脚上的大趾甲就像凿子一样，深入土壤，帮助挖掘草和树根。

亚洲象也会在有机会的时候吃高处的草木，非洲象也经常在大草原上吃草，这是由于它们的主要放牧栖息地遭到破坏而产生的二次进食适应。

我们想当然地认为野生亚洲象的觅食习惯解释了为什么它们需要比非洲象更连续的趾甲生长。因此，圈养亚洲象需要更多的趾甲护理。即便如此，每个物种的趾甲和足垫护理方法也有很多不同，这可能是由它们圈养环境的差异（基材、饮食、运动量）造成的。因为许多马戏团教练都遭遇过大象足部撞到帐篷柱子或木桩上的糟糕经历，所以多年来，人们一直不赞成把趾甲的表面磨平。锉削可能会削弱或损害趾甲的强度。对于马戏团的大象来说，过度削除足垫也是一个错误，它们在坚硬的火车侧边卸货或夏天在热沥青上行走时必须考虑基材的类型。我们倾向于赞同马戏团教练的观点；多余的足垫和趾甲厚度可能会使大象的足部免受很多伤害。

在大象的趾甲表面锉锉刀需要了解趾甲的厚度和趾甲下层组织的解剖结构。如果趾甲锉得太薄，就会暴露出敏感的薄板组织，然后薄板组织就会干燥开裂，并可能发展成脓肿。每个趾甲都有一个特定的形状，并且独立于相邻的趾甲。处理成年亚洲象足部的一般经验法则是，在不影响趾甲强度的情况下，使前脚的第二至第四趾趾甲和后脚的第一至第三趾趾甲之间保持一指宽的距离（每只脚上的趾甲从内

到外都有编号）。这个距离可以让趾甲间的组织在清洗后充分干燥、沐浴，如果是后脚，排出的小便则利于清除和干燥（图5.23～图5.25）。由于非洲象通常不需要修剪趾甲，所以这条规则不适用于它们。

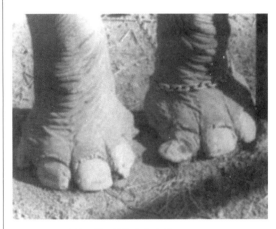

图5.23　亚洲象的趾甲过度生长

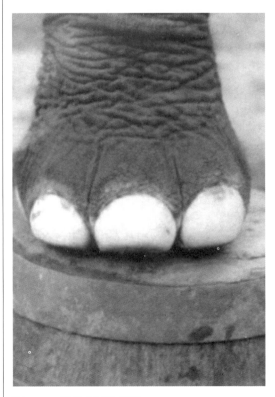

图5.24　保养良好的象脚

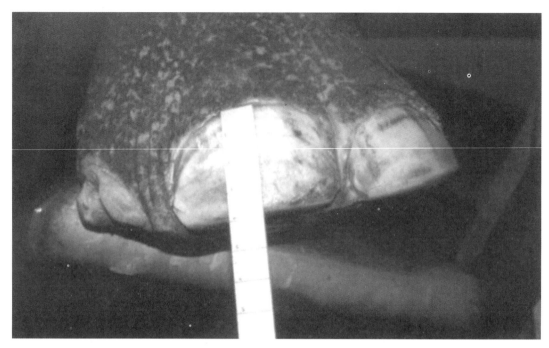

图5.25　趾甲长得太大会导致足部其他地方的压力分布出现问题

角质层　角质层过度生长是大象足部角质层最常见的问题。一些过度生长呈现出羽毛的样子，去除对大象来说是非常困难和痛苦的。我们看到的另一种情况，特别是在那些很少或没有修剪角质层的成年大象身上，在过度生长的角质层后面出现了积液囊。看起来像是位于趾甲曲线周围的汗腺被未修剪的角质层覆盖而阻塞，导致透明液体在积液囊积聚。大象走路时会产生压力和疼痛，使得人象采取一种更平的步态，以避免积液囊在趾甲的前面滚动。如果切除多余的角质层，打开积液囊并排干后，大象将恢复到更正常、更灵活的步态。如果角质层没有得到适当的修剪，这些积液囊会再次出现（图5.26～图5.28）。

足垫　野外的大象会穿越许多不同类型的基材和地形。大多数情况下，亚洲象经常行走在柔软的地面上，比如茂密的丛

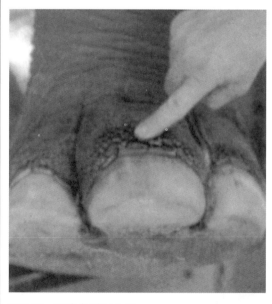

图5.26　正常角质层生长

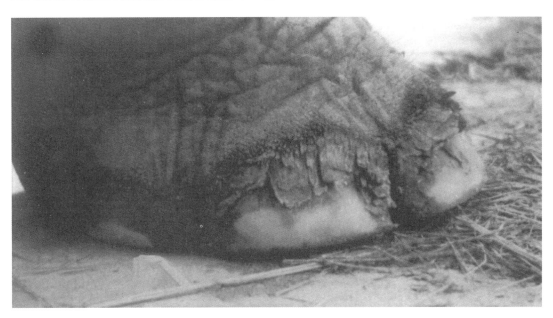

图5.27　角质层羽化

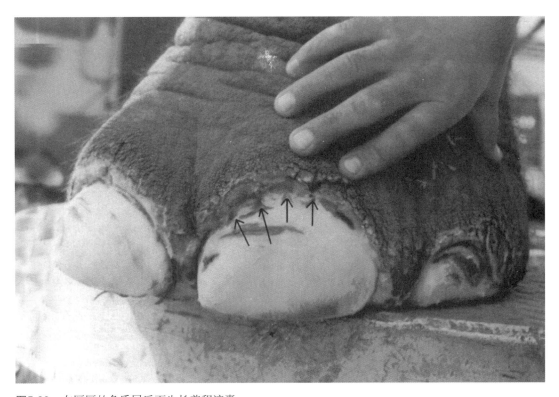

图5.28　在厚厚的角质层后面生长着积液囊

林地面，而非洲象则经常行走在大草原的草地和沙子上，以及半干旱沙漠的坚硬干燥地面上。野生大象的足垫并不光滑，也没有精心修剪过；相反，它们有很深的沟槽和裂纹，给人一种失修的印象。事实并非如此，因为它们能够通过每天走很远的路来采食、洗澡、挖掘和除尘以维持它们的脚。通过充分使用足垫和趾甲，来保持其健康。这种日常锻炼还能加强它们脚和腿的肌腱与肌肉，保证良好的血液循环。而圈养的大象因为久立不动的生活方式而缺乏这些锻炼。

与圈养的大象不同，野生象可以从自己的粪便和尿液中走开。在大多数圈养管理情况下，圈养的大象有60%的时间被安置在混凝土或沥青地面的室内笼舍里。它不可避免地在自己的粪便和尿液中站立和行走，这些粪便和尿液聚集在足垫的裂纹和趾甲之间。尿液具有腐蚀性，粪便中含有大量微生物，如果不每天清洗足部，可能会导致感染。

常见大象的足垫被过分修剪。修剪得越深，脚底的颜色就越浅。需要保留足够的足垫，保证大象走路时不会感觉到酸痛，踩到石头时也不会感觉到疼痛。修整足垫时，任何时候都要避免出血（图5.33~图5.38）。

足垫上的裂缝和其他不规则的地方可以在几次足部护理的过程中修剪和减少（图5.39）。而且，一旦足垫被修剪，放开

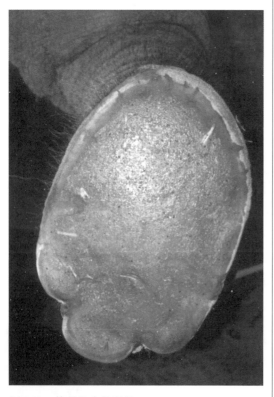

图5.29　修剪整齐的足垫

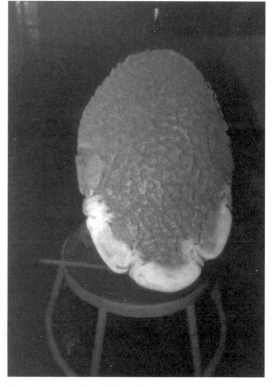

图5.30　一头从未修剪过的好足垫

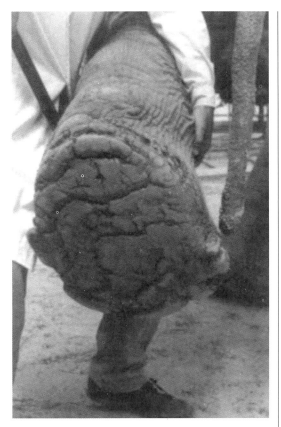

图5.31 足垫过度生长

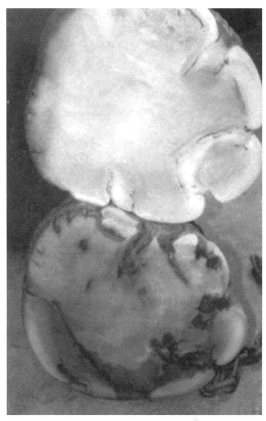

图5.32 不同颜色的足垫组织

图5.33 足垫过度生长

图5.34 修整前的后足垫

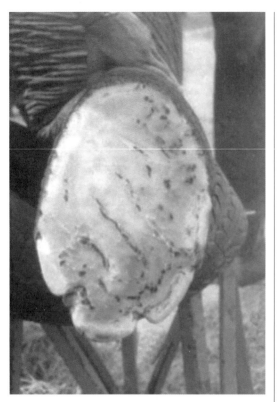

图5.35 经过修剪的图5.34中的足垫

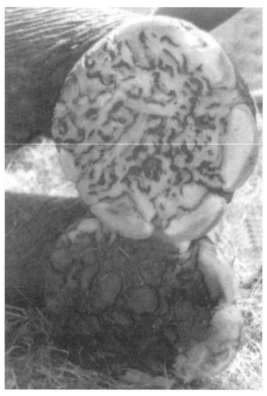

图5.36 修整前（上）和修整后（下）的前足垫

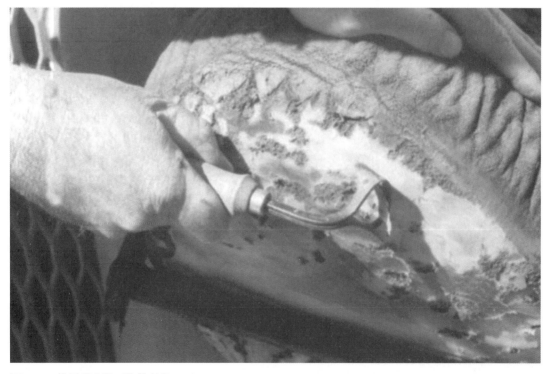

图5.37 使用瑞士蹄刀修剪足垫

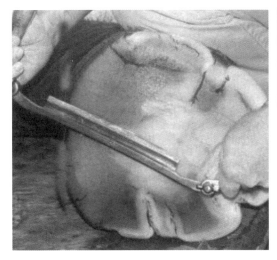

图5.38　使用刮刀修剪足垫

大象后修剪过的足垫的不寻常感觉会吸引大象的注意。对于大象来说，出于好奇，继续在混凝土地面或环境中的建筑物上摩擦和磨损足垫并不罕见。如果护垫修剪得太薄，大象可能会对自己造成严重伤害。

与大象足部脓肿相关的常见问题

脓肿　在许多圈养的大象中很常见，其原因通常不明。我们认为由刺伤或其他一些外部伤害损伤它们的脚而引起脓肿的可能性很小。相反，脓肿是由内部血液供应中断引起的，这是与圈养大象有关的众多问题的其中一个迹象或症状。我们觉得大象的脚并不能承受住在坚硬地面上的持续重力的压力，也不能承受大多数圈养大

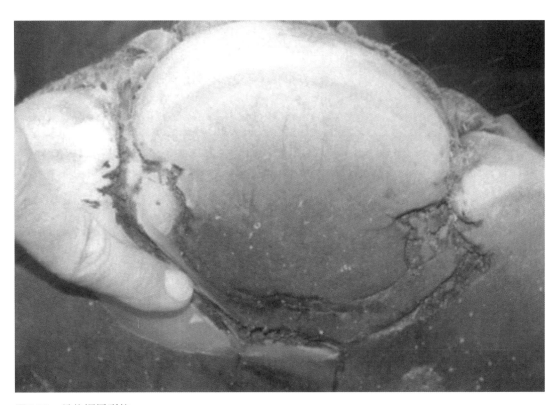

图5.39　足垫深层裂纹

象过重的体重。显然，大象不会进化到可以长时间站着不动。

不活跃的、过度喂养的、超重的、畸形的、圈养的大象，可能有也可能没有容易导致足部脓肿和裂纹等问题的一些异常行为活动。我们觉得缺乏锻炼会降低圈养象足部结构的整体活力，这种活力的缺乏会因体重的增加而进一步恶化。大象大部分时间都在坚硬的地面上度过。

我们认为，当这些因素与异常的行为运动、不良的场地结构或先前的损伤相结合时，足部注定会发生脓肿。趾甲上的任何异常压力，如有刻板行为的"摇晃"象的侧甲，都会导致趾甲后面敏感组织的血液供应中断。当这个组织受到持续或间歇性的异常压力时，它最终会像严重的瘀伤一样失去活力，然后形成无菌性趾甲脓肿。当身体试图摆脱脓肿时，这个脓肿会遵循阻力最小的路径，通常在角质层线或趾甲底部与足垫之间的界面处破溃，一旦破裂就会变成感染性脓肿。

脚底也可能出现脓肿。与趾甲脓肿不同的是，这些脓肿可能是由尖锐物体刺伤引起的，但我们认为这种情况相对罕见。相反，足垫可以在趾甲脓肿的发展中遭受同样的组织失活。就足垫而言，这可能是由对足垫的一次损伤引起的，比如由"石头""瘀伤"或者是足垫修剪不当造成的。在坚硬的表面上过度行走也会造成足垫脓肿，因为足垫磨得太薄，导致底层组织失活。这会导致无菌脓肿，脓肿会在表面破裂，就像在坚硬表面上行走太多的大象后脚的脚后跟常见的情况一样。在任何情况下，早期发现脓肿都是很重要的，因为脓肿一旦破裂就必须处理，或者如果它感染了，必须保持开放，以尽量避免对周围组织的感染。

角质层破溃的脓肿首先会形成一个"热点"，它会膨胀、失去颜色和活力，然后破溃并流出。脓肿迁移到足垫，首先在趾甲底部和足垫之间形成一个小黑点，在破溃之前可能不会被注意到（图5.40～图5.45）。无论脓肿是在趾甲还是趾甲垫，及时彻底的治疗都是很重要的。如果不及时治疗或治疗不充分，病情就会变得越严重。任何脓肿，不断清除坏死组织并保持其开放和排脓是促进其快速愈合的重要办法。

如果允许细菌在脓肿处定居，它们将侵入周围的组织，最终导致大象体内免疫系统无法阻止组织破坏。不幸的是，许多大象都死于这种"失去控制"的足部脓肿。

脓肿治疗的第二个最重要的方面是将大象足部浸泡在它所能忍受的温水中（图5.46）。每天至少浸泡2次，特别是每次在脓肿被"切除"之后。应在水中加入消毒溶液，如双氯苯双胍己烷（氯己定）或温和碘（必妥碘），每次至少要泡脚30min。每天用硫酸镁溶液浸泡可以加速脓肿的"排出"。这将有助于保持脓肿的开放性，确保脓肿从内到外愈合，给人一种脓肿正在"脱落"的感觉。

发现脓肿后应及时治疗，并通过修剪坏死组织和每日浸泡等方式进行持续护理，大多数脓肿是可以成功治愈的。由于

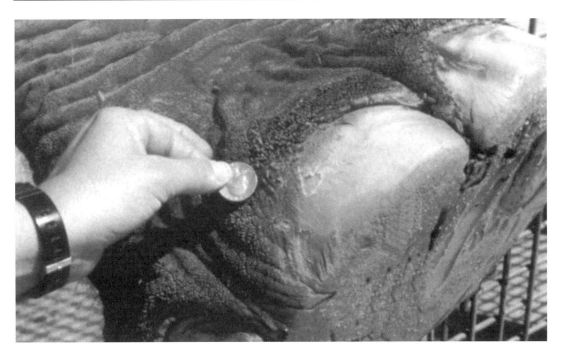

图5.40 趾甲上方轻微肿胀

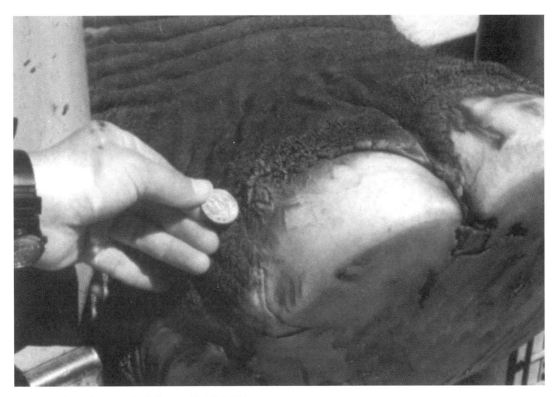

图5.41 修剪前趾甲上方肿胀及趾甲基部黑洞

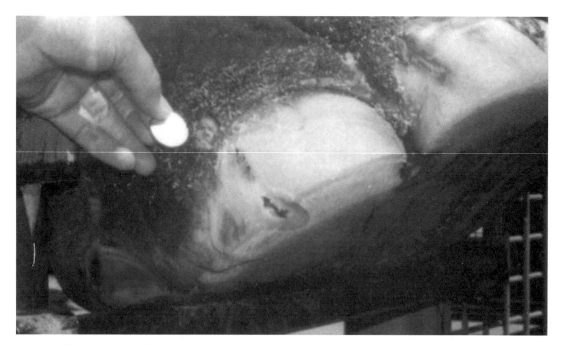

图5.42 修剪后的趾甲基部黑洞

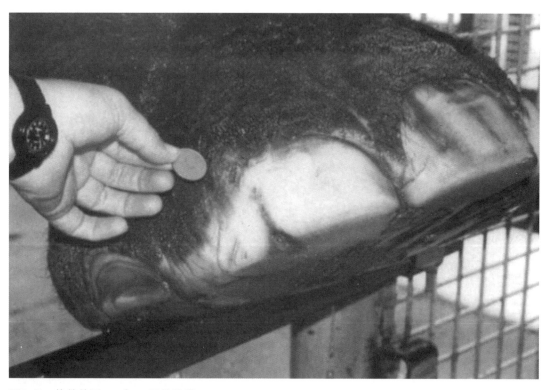

图5.43 修剪前图5.42中17d后的趾甲

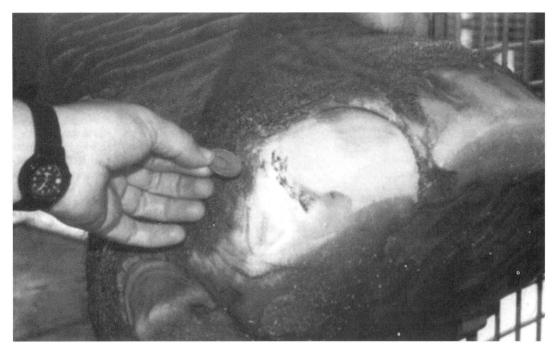

图5.44　图5.43中修剪后的趾甲

图5.45　脓肿愈合30天后

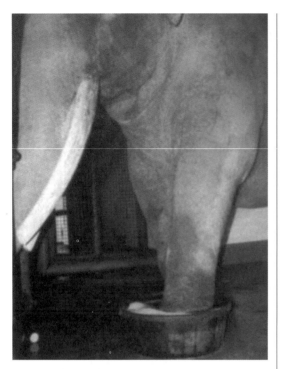

图5.46　象在泡脚

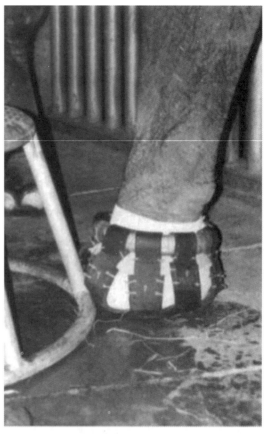

图5.47　用于治疗脓肿的象靴

大多数足部脓肿的局部性质，我们认为使用肠外抗生素（口服或注射）没有多大价值。然而，当脓肿失控时，达到影响足部的内部结构，并产生持久的腐烂气味的程度，此时通常要采取激烈的抢救措施，如用X线片评估骨骼受损伤的程度，在全身麻醉下进行大手术以去除坏死组织，以及全身使用抗生素。在这一点上，大多数人会制作一个靴子来覆盖足部，在脓肿处容纳"填充物"，防止伤口进一步污染。如果使用靴子，必须每天至少取下2次，以便进行适当的伤口护理（图5.47）。我们的意见是，除非出现最坏的情况，否则不应该使用靴子。如果脓肿被正确地切开，并且每天护理两次，就不需要靴子来保持伤口清

洁。事实上，它可以通过保持水分和抑制脓肿的适当引流来抑制愈合过程。

预防脓肿是最好的方法。预防脓肿需要：

①锻炼以加强足部结构并保持足部良好的血液流动；

②减轻重量，减轻足部压力；

③让大象生活在柔软的地面上；

④消除对足部造成异常压力的行为动作；

⑤注意良好的卫生习惯，尽量减少污染面；

⑥定期、完整、正确地进行足部护理。

裂纹　大象的足垫上有裂纹是正常的，但趾甲上却没有。当趾甲出现裂纹时，需要引起注意，以防止出现严重问题。尽管足垫有裂纹是正常的，但如果没有进行适当护理，这些裂纹也会导致问题。

趾甲裂纹通常是由于重复运动对趾甲施加了不正常的压力所致的。圈养大象的环境会加剧这种压力。有刻板行为的"摇晃"大象就是一个例子，大象站在坚硬的地面上来回摇晃会给前脚的外侧脚趾施加异常的压力，最终导致趾甲开裂。在极端干旱的气候下，这个问题会变得更加严重，使趾甲变干、变硬，失去灵活性。

像睡觉这样简单的事情也会导致趾甲开裂。如果大象每晚睡在坚硬的地面上的同一侧，任何轻微的运动都会使侧面的脚趾甲表面磨平。趾甲可能会变得很薄，很容易开裂，尤其是超重的大象，会给它们施加巨大的侧向压力。

如果大象经常在坚硬的地面上上下爬，后脚上的中间趾甲也容易开裂，特别是当趾甲长得太长时。如果大象的体形不佳，趾甲也会出现裂纹。大象腿部姿势或步态的任何异常都可能使它们容易出现问题。内八字象走路时，其外侧趾甲承受的压力过大，这同样会导致趾甲开裂（图5.48、图5.49）。虽然老年大象的趾甲裂纹可能是由于多年来足部的损伤积累造成的，但年轻的大象也会出现趾甲裂纹。年幼的大象在玩耍和嬉戏时似乎很少注意到自己的脚。在这个过程中，会"毁坏"它们的脚，以至于会出现趾甲裂纹。

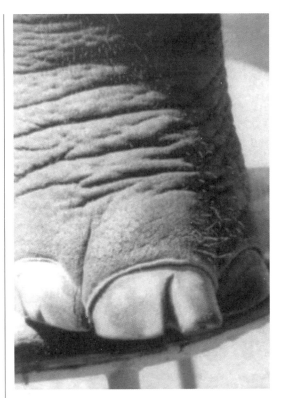

图5.48　干净、保养良好的趾甲裂纹

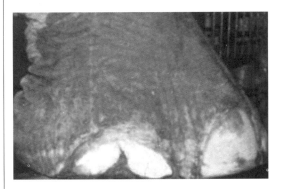

图5.49　大象睡觉时接触混凝土地板造成的趾甲裂纹

如果趾甲裂纹没有得到适当处理，可能会导致慢性疾病，特别是如果它向上延伸到角质层并损害趾甲的生发组织。如果不进行治疗，它还会导致脓肿和更严重的后果（图5.50、图5.51）。对于超重、不活跃的大象来说，无论年龄大小都是如此。

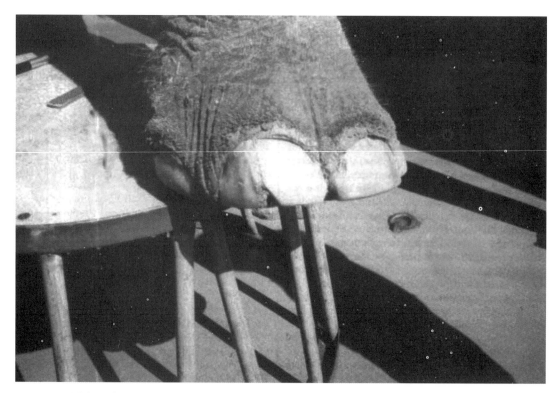

图5.50 甲裂发展为脓肿

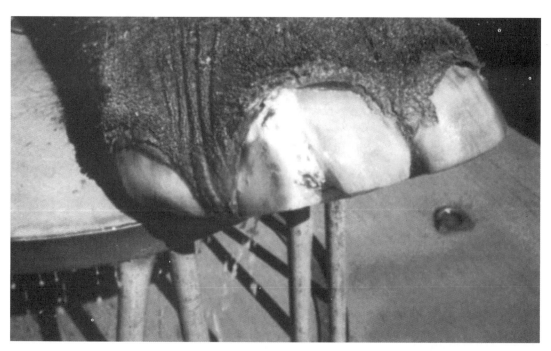

图5.51 图5.50中修整后的裂纹

总的来说，大多数趾甲裂纹出现在年龄较大的大象身上，是一系列问题的结果。如果根据上述因素仔细评估大象，有时可以预测可能出现裂纹的趾甲。但愿消除一个或多个问题可以防止一些裂纹。

关于护理大象足部趾甲上的裂纹的最佳方法，有很多意见。其中一些方法，如交叉切口和修补，是基于蹄铁匠在马身上使用的技术。然而，我们认为，大象足部趾甲的动力学差异使这些技术几乎没有实际价值。任何治疗的目标都是阻止裂纹的发展，让趾甲长出来，直到裂纹被消除。我们认为十字缺口使趾甲的强度降低，修补通常会导致松动，尤其是在趾甲严重恶化的情况下（图5.52）。在很多情况下，修补会掩盖裂纹，从

而无法对裂纹进行定期维护（图5.53）。我们认为有效的裂纹处理包括使用锉刀的边缘打开裂纹的底部，然后向上沿着它的路线，用一把小蹄刀将裂纹中的碎片清除直至健康组织。在这个过程中，深色、恶臭的趾甲组织和任何可能存在于裂纹中的异物都会被清除。一定要小心不要切开敏感组织，因为这会延长愈合过程。要尽可能地锉磨趾甲的基部，并磨圆，这样就减轻了大象迈步时对趾甲和裂纹的压力。

裂纹护理是一个持续的、频繁的过程。它需要许多保守的修剪，而不是偶尔的激进修剪，直到趾甲长出来，这在大多数情况下需要大约6次。裂纹应该每天进行检查、清洗和擦洗，以清除任何粪便污染，消除任何

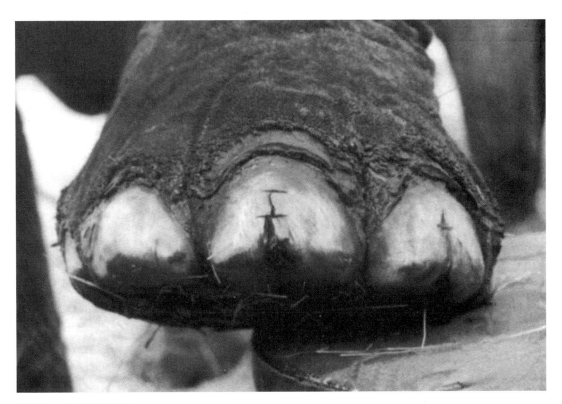

图5.52 十字形裂纹线

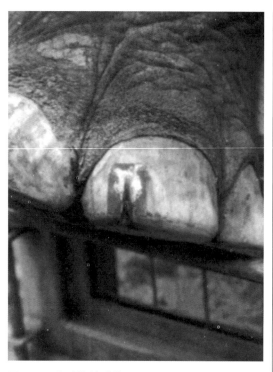

图5.53　尝试修补裂纹

可能延长愈合过程的污垢或沙子。如果裂纹延伸到角质层，趾甲完全再生的时间将更长，因为角质层的生发组织必须首先愈合。当裂纹延伸到趾甲的一侧，并最终长出来时，已经取得了很大的成功。我们觉得这是成功的，因为大象趾甲的中心似乎比边缘长得快。

为了完成裂纹的漂移，应该在一段时间内遵循一个修剪计划，其中两个趾甲中较小的部分比另一部分要修剪得短。对于年轻的、桀骜不驯的大象来说，趾甲上的裂纹可能要维持数年。然后，当大象变得更成熟并认真对待自己的脚时，就可以开始治疗性的修剪了。

如前所述，足垫的裂纹是正常的，不应该在修脚时消除，因为它们是大象的

趾纹，有些大象有很多裂纹，而有些大象几乎没有裂纹。一些大象的足垫上可能没有任何裂纹，这种情况必须仔细评估，因为它可能是足垫过度磨损和严重变薄的迹象。如果足垫不经常保养，足垫上的裂纹就会成为一个问题。如果让足垫过度生长，裂纹会变得很深和有角度，可能会夹住小石砾，这是瘀伤或刺伤的来源，可能导致脓肿。同样，如果试图完全切除足垫裂纹，敏感组织可能会被切割，或者表面可能太薄，足垫容易瘀伤或容易穿透，这也可能导致脓肿。在一个全面的大象足部护理计划中，应该评估每头大象潜在的足部问题。脓肿和裂纹可以通过消除已知的原因和定期进行足部护理来预防。

可能导致足部问题的情况

足部构造　足部构造不良的大象会以不正常的步态行走。这将导致脚以异常方式接触地面，并导致脚趾承受过大的压力。这种过大的压力会导致磨损增加，并可能出现裂纹和脓肿。

异常行为　重复或"刻板"的行为与大象脚上不良的构造具有相同的效果。

外伤　当大象的腿受伤时，它会拒绝弯曲关节并用僵硬的腿走路。在许多情况下，最终的结果是腿永远僵硬，而不考虑原来的问题。当大象用僵硬的腿走路时，会导致那只脚的足垫内侧边缘出现异常磨损。图5.54～图5.59显示了与腿部僵硬相关的足垫脓肿的愈合过程。

关节炎　可导致足部问题的另一种情

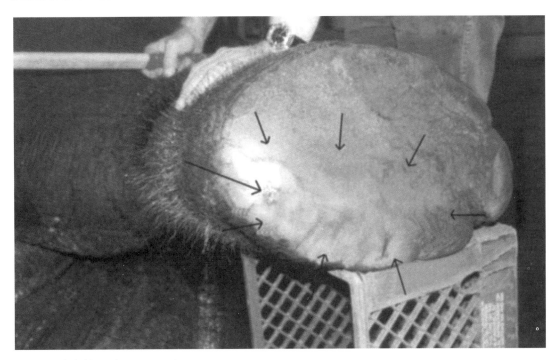

图5.54　磨损情况（1996.06.13）

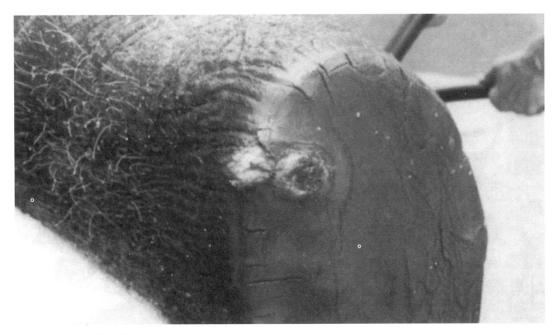

图5.55　发展中的脓肿（1996.07.07）

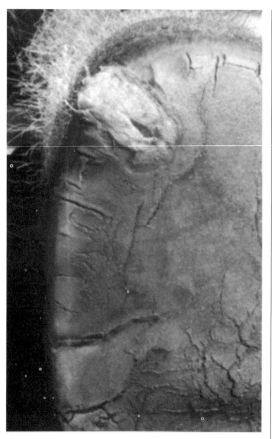

图5.56 愈合过程的开始（1996.07.25）

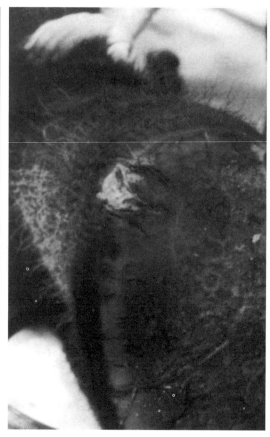

图5.57 脓肿迁移（1996.08.08）

况是关节炎。大象关节的酸痛会导致关节灵活性下降。这将导致大象的步态发生变化，并且如前所述，会导致趾甲和足垫承受异常压力（图5.60）。

环境条件　对大象脚的健康非常重要，因此我们再次提及它们。将圈养大象的环境条件与野生人象的环境条件进行比较时，很容易看出我们对它们的脚施加的很多损害。有些情况会很快引起问题，例如大象的脚可能会不小心碰到锋利的金属物体。其他的包括行动不便，需要多年的积累才能体现出来。

足部问题的预防

每一个圈养大象项目都应该经过充分的评估，以评估大象的脚每天遭受损伤的数量和类型。然后，应该制订短期的和长期的计划来限制或改变那些可以控制的条件。

像过度喂养和缺乏锻炼这样简单的事情，可以通过制定严格的食物数量和喂养方式来纠正。通过建立几个喂食点和在一天中的不同时间喂食，让圈养的大象为自己的食物而工作，这是改善它们健康状况的两种方法。

缺乏锻炼可能是圈养大象面临的最糟糕的事情，也可能是最容易解决的问题。让大象每天至少活动1～2h，不仅可以强健它的脚，还可以增强灵活性和良好的血液循环，有助于控制体重，另一件相对容易的事情是定期进行足部护理。在自由接触和保护性接触管理情况下建立足部接触的技术是众所周知的，并且有正确的足部护理方法可供学习。

纠正某些导致脚损伤的重复性行为可能更难完成，但并非不可能！丰富大象生活的环境可以刺激它们的思维，提供娱乐，鼓励它们运动，从而减少由无聊引起的有害的重复行为。相对简单和廉价的职业改进包括提供泥浴区（图5.61），或诱使大象挖掘埋在地下的树枝，或移动用铁链锁在展览中心的树桩（有根）。

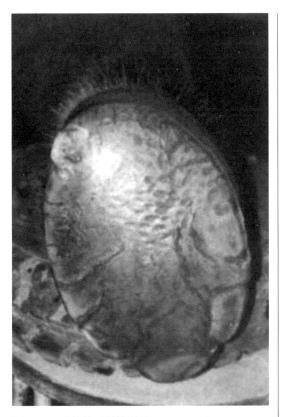

图5.58　两个月后的情况（1996.08.22）

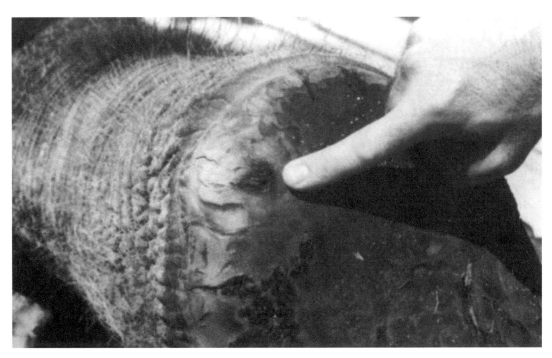

图5.59　3个月后愈合基本完成（1996.09.04）

图5.60 一头腿僵硬的大象仍能完成它的动作

图5.61 大象在泥浴中

改变大象的住所可能是最难完成的事情。有限的空间和巨大的成本限制了大多数大象展区和夜间住所的建造。夜间住所的混凝土地板几乎是普遍存在的，替代品很少，但仍然可以作出一些改变，比如提供橡胶脚垫，限制大象在象棚里待的时间。至于白天的区域，如果外活动场的尺寸不能扩大，基材可以改变。即使是泥土，久而久之也会变得坚硬。定期翻地或添加不同类型的材料，如沙子，可以软化大象行走的土地。另一个需要克服的困难是人力问题。照顾大象需要时间、奉献精神，以及为大象做正确的事情所必需的知识。

第 6 章　　圈养大象足部护理：自然栖息地饲养技术

卡罗尔·巴克利

许多因素，包括环境、饮食和管理，决定了圈养大象的心理和身体健康。当这些因素不理想并导致应激时，圈养大象的反应将表现为精神和身体功能紊乱。这些疾病与不健康的环境、不当的饮食或低劣的管理之间的联系并不总是显而易见的。

就本章而言，"自然栖息地"被定义为具有多种地形和自然基材的广阔空间，包括湿地、种植和自生牧场、林地、天然全年水源（包括泉水池塘、溪流和干河床），以及范围广泛的、适合所维护物种的各种活植被。

环境

大部分经验都是在动物园与马戏团环境中与圈养的大象打交道，因为许多大象被锁链拴住好几个小时，被关在相对较小的混凝土或泥土活动场里，或者关在有混凝土地板的象棚里，它们比生活在自然栖息地环境中的大象需要更多的足部护理。

自由与限制　自由活动和接触各种天然基材与活植被对于保持良好的足部健康以及最佳的身心健康至关重要。因为在自然栖息地环境中，大象不局限于被垃圾污染的区域，而是在更广阔的区域内散步、进食、掸灰、觅食、挖掘、洗澡和打

盹，因此它们的心理和生理需求都得到了满足。在密闭的情况下，固体废物可以被移走，但液体废物会污染外面的活动场，被污染的土壤会使足垫和趾甲变质，并滋生可能导致足部感染的细菌，因此需要修剪。持续和频繁地修剪会产生薄的或光滑的足垫，提供很少或无法提供摩擦力。随着足垫变薄，擦伤和跛行的概率也会增加。异物很容易穿透薄足垫，造成细菌感染。

牧场和天然护甲　在自然栖息地环境中，牧场可以是种植草和自生草的结合。在田纳西州霍恩瓦尔德的大象保护区，牧场由羊茅、梯木干草、三叶草、鼠尾草、日本高跷、果园草、约翰逊草、丝蚕、冬小麦和竹子组成。吃草时大象用脚特别是脚趾击打和切断竹子或粗糙的草叶。这种在磨蚀性草地上的持续撞击对脚有好处，因为它磨损了各脚趾之间的区域，避免趾甲和角质层过度生长的可能。日常放牧有益于大象足部健康，可以起到自然修剪角质层和脚趾的作用。

在自然栖息地环境下，大象需要很少的足部护理（每年只需 1 ~ 2 h）；在圈养环境中，大象足部健康状况不佳通常被忽视。评估环境是否与大象的需求相平衡的

一种方法是检查大象的足部状况，同时确定需要的足部护理量以及治疗后它们的足部恢复健康的速度。一只患病的象脚在自然环境中恢复健康所需的时间相对较短。足垫和趾甲轻微的过度生长及裂纹将在几周内得到缓解。注意减压和健康饮食，严重感染和趾甲生长过度的象脚可以在几个月内完全恢复。不仅是完全恢复，而且也没有慢性复发的足部问题。虽然仅仅恢复的时间可能并不令人印象深刻，但对修剪时间减少的认识是明显的。

森林的好处 在自然栖息地，树木提供了宝贵的营养来源，也为大象足部提供了保养机会。定期进食树叶、嫩枝、树皮和树根，可以满足大象对矿物质和营养的需求。在温带地区，大部分植被在冬季处于休眠状态，大象需要花更多的时间觅食。大象会用一只脚稳住倒下的树，而用另一只脚踩上去，撕扯树皮和树根。脚趾的顶部和底部是用来撬树皮和树根的。通常情况下，大象的脚和脚趾要做一个重复的拖曳动作，最终破坏树的一个区域，进而剥去树皮或用鼻子拉松树根。足部和趾甲的每一部分都活动起来，有助于防止趾甲和角质层过度生长。

土壤耕作 在自然栖息地环境中，大象也会消耗富含矿物质的土壤。它们用脚，特别是脚趾，撕开植被，松动土壤。当发现特别丰富的矿藏时，大象会集中精力挖掘矿物。大象的脚就像铲子一样，可以在几分钟内挖空一个巨大的区域。这种挖掘活动可以刺激血液流动，锻炼足部肌肉、肌腱和关节，磨损足垫和趾甲。

小溪的好处 河床由许多不同大小的石砾组成，从巨石到砂粒。有些地区干旱，而另一些地区则是一年四季泉水不断，有了这种变化的基材，大象行走时拖着脚穿过石砾，整个脚都得到了很好的锻炼。除了走过河床，大象还会花很多时间挖掘。当发现一个沙坑时，它们会把脚陷进去，来回扭动每只脚。这个动作相当于大象在脚上戴了一个砂纸手套，通过清除趾甲和足垫上的杂物对脚进行护理。当大象离开河床时，它的脚就会覆盖上一层泥，这种泥对象脚有益，可以防止象脚变得干燥和脆弱。

保持适当的湿度 在自然栖息地环境中，大象足部很少是完全干燥的。大象在象舍里的时间应该是它们的足部不暴露在湿气中的唯一时间。认为大象足部必须保持干燥才能保持健康的想法是一种误解。事实上，未受污染的湿气对它们的足部有益，有助于保持足垫的健康。在一天的时间里，足部接触到的水分对足部健康是必不可少的。当象脚被非自然表面（如混凝土）耗尽水分时，足垫就会变得干燥易碎，进而出现问题。大多数天然基材都含有水分，而活的植被里里外外都能保持水分。即使在炎热的夏天，牧场的灌木丛中也能感受到水分。在自然栖息地环境中，大象在醒着的大部分时间里都是在潮湿的地方行走。水分不会导致足垫腐烂，而是作为一种"护发素"，软化干燥区域，保持足垫健康。随着足垫变得更加柔软，异物被清理掉，过度生长的地方被磨掉。当大象在水中前行时，任何堆积在脚上的杂物都会被洗干净。在池塘或溪流中，在自然基材上移动，有助于进一步清除嵌入大象足部的物体和杂物。

饮食

　　饲料营养不佳和吸收障碍会在大象的足部有所反映。趾甲和足垫生长缓慢、趾甲容易裂开或出现裂纹、趾甲及足垫过薄或过软都可能是饮食不良或营养吸收不良的结果。

　　在一个具体的案例中，一头大象体重过轻已有10年，并被关在一个狭小的空间里，在5年的时间里由于趾甲和足垫的生长速度不正常，没有足够长的趾甲需要修剪。血液检查支持这头大象不能完全利用它的营养摄入的事实，这导致了大象体重降低和整体身体功能和状况不佳。当被转移到一个自然栖息地的环境中后，大象的饮食缺陷得到了弥补，它开始吸收营养，足部状况在几周内得到了改善。不仅观察到正常的趾甲和足垫生长，而且之前柔软、海绵状的趾甲和足垫也变得更加柔韧和健康。

管理

　　在自然栖息地的环境中，大象从不被拴起来。自由选择进入室内设施使大象可以随意进出。由于可以自由选择，大象大部分时间都在自然基材上活动。由于没有混凝土，它们的趾甲和足垫保持柔韧，而不是干燥。足垫以一种均匀的方式磨损，留下必要的数量的纹理，以确保日常活动的抓地力，不会发展为感染的裂纹和痕迹。被迫长时间站在混凝土上拴着的大象，其腿和脚会疲劳，关节也会变得僵硬。铁链对足部健康有许多负面影响。大象不仅被迫站在自己的粪便中，而且还会不自然地摇摆。这种运动会对足部和趾甲施加扭矩压力，导致组织损伤、不规则磨损和足垫变薄。

案例

　　珍妮（Jenny）是一头1970年出生在东南亚的雌性亚洲象。它接受了马戏团的训练，在那里表演了26年。1996年9月26日，珍妮来到田纳西州霍恩瓦尔德的大象保护区。该大象保护区是美国第一个自然栖息地，为从动物园和马戏团退休的年老或生病的大象提供庇护。珍妮抵达时身体状况不佳，但精神状况稳定。它被囚禁的生活是在旅行和马戏团表演中度过的。

　　刚到保护区时，珍妮的足垫和趾甲都长得太长了。足垫是海绵状的，有许多感染的痕迹，2.5cm宽，几厘米深（图6.1）。角质层有2.5cm长，干燥而且有裂纹。有几个趾甲长到5~10cm，5个趾甲严重感染并出现脱落。足垫的后跟干燥并有深深的垂直裂缝。

　　珍妮足部的感染状况似乎导致了它极度的疼痛。它到达后的行为模式是每20~30min躺下1次，以避免站立时的疼痛。只要有机会，珍妮就会潜入池塘或小溪里。凉水似乎减轻了它的疼痛感，而且因为它是浮在水面上的，所以它的脚上没有负重。随着时间的推移，珍妮的病情有了明显的改善，它躺着的时间减少了，足垫和趾甲也在恢复。

珍妮习惯了将感染的足部放入浴缸中，每天2次，浴缸中装有温水稀释的苹果醋。作为一种自然疗法，苹果醋在治疗感染和调节足部肌肉方面效果特别好。初次浸泡后，将坏死组织修剪以暴露感染区域，在为期6周的3次修整中，超过5cm的足垫被切除。在足部浸泡和修剪之后，大量应用环烷酸酮（商品名：Kopertox®）。治疗后，珍妮立即被放到一个16万m²的自然栖息地活动场里。它的日常活动包括泥浴、游泳、挖掘、除尘、午睡、觅食和树木砍伐。每天珍妮都要走几英里，不停地把自己浸在淡水里，搬运几百磅重的泥土和植物。

3个疗程（6周）后停止足垫的修剪。每日使用环烷酸铜，持续6个月，苹果醋浸泡持续1年。2年后，它的足垫就不再需要修剪了。它的足垫和趾甲一直保持最佳长度和最佳状态，没有出现裂纹、分裂、过度生长或感染。它的足垫和趾甲柔软健康（图6.2）。

环境、饮食和管理

如果不可能在自然栖息地生活，可以尽一切努力模仿野外的环境和饮食。可以添加天然基材。对于室内设施，地板可以改造成更合适的表面。饮食可以改变为每日补充新鲜的植物。通过最小的努力，大多数设施都可以转换为无链管理系统。通过满足大象足部的自然和基本需求来减少应激，将有助于确保大象足部的健康以及整体的身心健康。

图6.1 刚来时珍妮的右后足垫（1996.9.26）

图6.2 2年后珍妮的右后足垫（1998.8.26）

第7章

印第安纳波利斯动物园的足部护理：综合方法

吉尔·桑普森

引言

保持圈养大象的足部健康是那些与这些大型哺乳动物打交道的人面临的最大挑战之一。野生大象每天都要走很远的路去寻找食物和水，而圈养大象所占的空间要小得多，而且有生活必需品。缺乏锻炼和长时间在不合适的基材上行走会导致足垫过度生长及趾甲开裂，进而导致感染。足部护理是任何圈养大象管理计划的重要组成部分，它不仅仅依赖于精心修剪的技术。健康的脚是大象整个饲养计划和饲养环境的产物。

印第安纳波利斯动物园是5头雌性非洲象的家，它们生活在自由接触系统中。这些大象的足部都没有出现严重问题。我们的饲养计划强调锻炼和训练，良好的营养，卫生的象舍条件，皮肤和足部的清洁，足部的定期检查，足垫和趾甲的及时修剪，并保持表面干燥。

象舍和日常维护

印第安纳波利斯动物园目前的象舍建于1988年。象舍长11.6m，宽21m，由3个隔间组成，以竖着的钢管相互隔开。一端是一个大间，用来容纳3头大象，长8m，宽

6.7m。中间的隔间容纳1头大象，长6.7m，宽4.6m。第3个隔间目前也用来容纳一头大象，长6.7m，宽4.3m。地板浇筑水泥，并向后面稍倾斜，那里有1个带排水管的浅槽。水泥下面是1根电热电缆，排列成4个身体大小的垫子，在寒冷的天气里保持地板温暖。加热地板不仅提高了动物的舒适度，还有助于保持地板干燥，这样大象就不会站在又冷又湿的地板上。在寒冷的季节，象舍通过强制加热空气来保持温暖。有关印第安纳波利斯动物园大型哺乳动物设施的更多信息，请参见Fields（1998）。

户外展区占地约1000m²，在黏土和泥土基础上有沙子基材。黏土本身就能保持表面的水分，而沙子则允许渗水，使表面保持干燥。树木由热性围栏保护以提供遮阴。活动场里有一个210m³的游泳池，它的深度足以让一头大象完全淹没，而且足够大，可以让几头大象同时游泳。大象自己在活动场里挖泥坑，这些坑里填满了雨水，然后大象把雨水混合成所需的泥浆。有时这些泥坑变得相当大，当泥坑变得太深或威胁到地下灌溉时，需要一辆小装载机把沙子运进来，把坑填满，这样就给了大象一个新的项目，即留下大量的沙堆供大象挖掘。在夏天，如果活动场太干，洒

水器可以安装在树栏中心和外围围栏外的插座上。活动场向下倾斜，引流良好。当大象在室外展区时，可以自由选择干燥或潮湿的环境。

由于圈养大象比野生大象更有可能接触到自己的粪便和尿液，因此保持清洁很重要。当大象在室外时，工作人员整天都会频繁地捡起粪便。活动场里每天都要彻底耙一遍，清除剩下的干草。游泳池每周换水2次，每周彻底清洁1次。象舍每天都要清洁和冲洗，每周消毒1次。在温暖的月份，工作人员错开轮班工作，以延长与大象相处的时间，这增加了大象的活动时间以及活动的多样性，减少了大象待在象舍里更硬的基板上的时间，那里已经汇集了大象一夜的排泄物。在冬季，由于气温较低和偶尔的恶劣天气，大象在室内度过的时间更多。在室内时，大象会在早上工作人员打扫内舍的时候来回走动。地板上多余的水要用工具清除掉。加热的地板干得很快，所以大象不会在潮湿的地板上待很长时间。将粪便清理掉，尿液立即推入下水道，以防止这些物质聚集在大象足部和趾甲上。工作人员鼓励大象退到下水道附近，这有助于保持地板清洁。

大象一年四季都在象舍里过夜。两头不戴脚链的大象被单独关在一个隔间里。另外3头大象共用一个大隔间，为了安全起见，它们被链子拴着。链子长度合适，可以满足它们左右翻转，舒适地躺下。在拴着的大象的下面和后面放上松树屑，以吸收尿液。有趣的是，拴着链子的大象足垫更厚、更结实，表皮更少，尤其是前脚，这可能是因为它们不像另外两头大象那样接触粪便和尿液，后者在夜间四处走动，脚上沾满了粪便和尿液。拴链子是作为一种安全措施，而不是作为足部护理管理方法。值得注意的是，在这种特殊情况下，拴链子似乎对大象足部有适度的积极作用。

象舍和活动场的清洁对于防止细菌的积聚很重要，就像直接清除大象脚上的杂物一样。每天早上，在象舍被打扫干净后，大象们排好队，饮用温水。在它们享用饮料的同时，工作人员还可以用软管冲洗掉一夜之间积聚在它们脚边和趾甲上的杂物与粪便。每天洗澡时要进行更彻底的清洁，这时要求大象抬起每只脚。然后用家畜肥皂擦洗足垫、脚周和趾甲，并冲洗干净。这样可以去除脚上的杂物，阻止细菌的生长，并使工作人员有机会近距离检查象脚干净与否。

运动

运动对圈养大象的健康起着重要作用。显然，圈养的大象不能像在大草原上走好几千米去寻找食物和水，但我们可以为它们提供其他形式的锻炼机会，自然地磨损足垫和趾甲，增加足部组织的血液循环。在印第安纳波利斯动物园，工作人员一整天都在为大象提供各种锻炼的机会。

在大象之旅中，动物园的游客可以骑在大象背上，沿着一条长67m、周围有草和树的沙路旅行。大象们轮流工作，为了到达骑乘区，游客要在柏油路上走行206m，一旦到达那里，大象要花大约3%的时间在沙地上行走。每头大象每周工作2~4d，但从不连续工作几天。春末秋初开放，夏天大象工作繁忙，在轮班期间几乎不间断地行走。在骑大象的时候，总是有新鲜的干草和水。

大象也会被带到公共区域后面的动物园里散步（图7.1、图7.2）。它们沿着柏油路走到一个长满草和野花的大丘陵地区，在那里它们可以在山上走来走去，吃草。当人们带着它们散步时，它们会感到非常兴奋，发出的隆隆声表明散步对它们的心理和身体都有好处。对于那些往往吃得太

多的大象来说，在不吃草的情况下绕着沥青车道轻快地散步也可以帮助它们保持体形。粗糙的沥青就像趾甲锉一样，也有助于磨掉多余的足垫。

作为强化训练计划的一部分，每头大象每天至少被带出活动场一次，在一个单独的13.4m宽、30m长的训练场地里锻炼，这个场地和展区有相同的沙子基材。沙子提供了一个有磨损作用的表面，这有助于磨损足垫和趾甲。在这些培训课程中，它们练习学习的行为，并被教授新的行为。每次训练都包括带领大象在活动场里转两个方向，绕大圈和小圈。其他动作包括抬脚、向不同方向旋转、回避、躺下、跪下和伸展。大象有时被套上挽具，拉着木头穿过活动场。它们也可能在活动场里推着木头。培训课程还可能包括在搁脚凳上工作，让大象在搁脚凳上做出特定的动作。这些锻炼不仅有益于大象的身体，而且还为工作人员提供了一个近距离观察大象足部的机会（图7.3）。硬毛刷总是时常准备着，所以大象足部表面的污垢可以被工作人员迅速清除，以便进行更仔细的检查。

夏季，我们每天在大象体验区进行两次演示。在这些深受游客欢迎的展示活动中，其中一头大象被牵着走下一条沥青车道，越过一座草山，来到体验区。其中一个节目是洗澡示范，另一个节目是自然历史课，其中大象表演了基本的行为。在这些展示中，动物园的游客有机会近距离观看和了解大象，并触摸大象。在一年一度的认知大象周期间，大象每天都参加不同

图7.1　印第安纳波利斯动物园的大象出去散步

图7.2　印第安纳波利斯动物园的5头大象外出散步

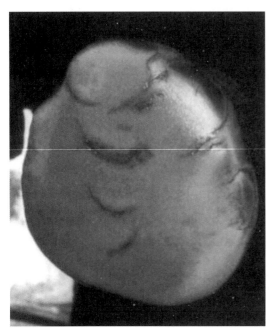

图7.3 印第安纳波利斯动物园一头非洲象的前足垫

的表演，其中一些包括走到动物园的大型表演舞台表演各种行为。在过去，这些表演包括推和搬运原木，在平衡木上行走，以及站在搁脚凳上。这些节目包括帮助公众了解大象的故事，以教育游客，并为大象提供锻炼的机会。大象在整个旺季都会参加动物园的各种活动。在特殊活动中，工作人员经常牵着其中一头大象穿过动物园，走到正门，在那里迎接到来的游客。大象还会在会员之夜表演特别的节目，或者在动物园的艺术博览会上表演绘画。所有这些活动都是教育公众的机会，同时能让大象有机会出去散步。

忙碌的夏天和初秋后，象舍里的生活发生了变化，游乐设施在这个季节关闭。冬天大象每天至少有一段时间可以进入活动场，除非天气太冷或其他恶劣气候。当天气不允许带大象出去锻炼时，工作人员会带着大象在象舍里进行训练。虽然空间大大减少，大象仍然可以走动，并可以通过各种行为引导。这些动作中很多都涉及旋转和抬脚。

常规足部护理

由于工作人员密切监测大象足部的状况，因此会根据需要对其进行修剪。工作人员使用几种工具来处理大象的足部（图7.4）。足垫用一次性的X-acto刀片连接在木雕手柄上进行修剪，趾甲用锉刀手工锉，或者用手持式电动打磨机进行打磨。

大象经训练会把脚放在凳子上休息。要处理的脚用软管冲洗并刷去污垢。平均每3～4周修剪一次脚，锉1次趾甲。夏季的活动自然会磨损大象的足部，所以不需要修剪；当然，冬季活动的减少使得修剪更加频繁。在冬天，真菌偶尔生长在一些后脚的边缘，可以使用X-acto刀片进行修剪，并随着户外时间的增加而完全消失。足垫的修剪程度取决于它的厚度。通常需要切除最上面的一层，任何裂纹或表皮都要被打开并进行清理（图7.5）。大的裂纹和表皮根据需要进行多次处理，每次打开一点儿，让新的组织代替。修剪趾甲周围的角质层，趾甲的每一边与足部接触的地方，同时，锉平趾甲以允许空气流通。

与照顾大象的其他方面一样，每头大象都有自己独特的特征。其中3头大象的足垫又厚又硬。这些大象的脚上最需要注意的地方是位于后脚的边缘周围。足垫的过

图7.4　修脚用的工具（从左到右顺时针方向：锉刀、带打磨盘的电动打磨机、蹄镐和刷子、带X-acto刀片的木雕手柄）

图7.5　使用X-acto刀片修剪足垫

度生长可能会产生兜，这可能会兜住污垢和水分。这些都可以很容易检查到，需要仔细监测并在必要时修剪。与趾甲底部两侧交界的足垫部位容易形成类似于管道的凹痕，如果不加以处理，这些凹痕会扩散并变得更深。同样，监测这些区域并在其发展过程中修剪小的组织，可以防止其成为更大的问题。

　　有两头象的足垫比起其他3头象更薄、更软，需要减少去除足垫的量。趾甲也需要更频繁地修剪，以保持它们离开地面，可能是因为没有那么多的足垫来减轻对趾甲的压力。打磨机主要用于修整趾甲，但也可用于修整足垫（图7.6）。对于足垫很薄的大象，使用打磨机可以比使用X-acto刀片更精确，因为可以从足垫顶部修剪出非常薄的一层。然而，应注意避免使打磨盘过热，打磨盘不应在任何一个区域停留太长时间。为了测试是否有多余的热量，可以用指尖经常触摸这个区域。研磨机也有助于创造一个更光滑的是足垫，而X-acto刀片在修剪足垫时会留下小的突起。打磨机可以用来磨平足垫上被X-acto刀片修剪后留下的任何突起。为了这个目的，也可以在足垫上使用锉刀。

趾甲需要被锉平，这样大象站立时的趾甲正好离地，大象足部的重量落在足垫的中心并散开（图7.7）。趾甲底部和整个表面的凹痕和划痕也需要被锉平，以防止过度生长。修剪后，在足垫和趾甲上喷洒碘酊，并用磨砂刷进行修整，这有助于降低细菌感染的概率。（注意：在对受孕的母象使用任何药物之前一定要咨询兽医。）

每周1次，用Hooflex（一种快速、持久的可减轻蹄部发热、减缓足底炎症和疼痛的药膏）涂抹于趾甲和角质层，以增加其柔韧性和强度。根据需要，A&D软膏也适用于角质层，以缓解干燥。同时可以用双氯苯双胍己烷（氯己定）溶液进行足浴，每周1次，虽然似乎有助于减少真菌在冬天的生长，但有人认为氯己定会导致足部干燥。

特殊问题

只有其中的一头母象反复出现足部问题——后脚趾甲的慢性裂纹。后腿形状不佳无疑是造成这个问题的原因。后足踝向内弯曲，导致体重分布不均匀。经常锉趾甲会有帮助，但裂纹不可避免地会在很短的时间内再次出现，而且会一直延伸到角质层。根据底特律动物园（Johnson和Nestale，1996）的描述，他们使用了一种补趾甲的贴膏。将丙烯酸贴膏加热，然后用黏结水泥粘在干净干燥的趾甲上，贴膏可以让裂纹完全长好。然而移除贴膏后，

图7.6 在足垫上使用电动打磨机

图7.7 使用锉刀锉趾甲

裂纹在短时间内又出现了。这对这头母象来说是一个终生的问题，工作人员将继续寻找防止龟裂的方法。幸运的是，没有感染与这种情况有关。

营养

任何动物的整体健康都依赖于营养丰富的饮食。印度安纳波利斯动物园的大象全天接收高质量的梯牧草和2份马祖瑞大象补充剂，每天2次。每周提供盐和矿物块。为了促进足部健康，研究人员在挖空的苹果中放入精心测量剂量的生物素，每天2次与谷物饲料一起喂食每头大象。大象每周能得到2.3kg的麸皮，还能得到新鲜的树叶。

总结

印第安纳波利斯动物园的大象足部护理不仅仅是修剪。从春季中期到深秋，大象的工作人员轮班2次，延长了大象的活动时间，也延长了它们离开象舍坚硬地基的时间。在大象待在室内的时间里，加热的地板促进干燥，改善大象身体组织的循环，包括腿和足部。经常有机会近距离检查足部，可以让工作人员在小问题变大之前发现它们。在动物园散步，驮着游客行走，向公众展示，在活动场里或象舍里锻炼，这些活动自然会磨损足垫。象舍和活动场的清洁和仔细修剪技术有助于预防问题。动物园目前正在计划对现有的象舍和活动场进行改造，并可能在不久的将来建造一个新的象舍，以适应扩大的大象繁殖群。目前，设施的变化可能会影响大象足部，包括增加空间和可能在夜间取消链条。然而，大象足部护理计划的基本原则在设施维护方面将保持不变。在印第安纳波利斯动物园，整个饲养计划以及大象的饲养环境，都有助于大象足部的整体健康。

致谢

笔者感谢印第安纳波利斯动物园高级管理员Jeff Peterson的投入，以及Debbie Olson、David Hagan和印第安纳波利斯动物园大象保护基金会的帮助，使笔者有幸参加了第一届北美大象足部护理和病理学会议。图7.2由印第安纳波利斯动物园提供。图7.1和图7.3～图7.7由Eric Sampson提供。

延伸阅读

[1] Fields, B. 1998. Ten Years of Elephants: A Brief history of the Indianapolis Zoo Large Mammal Facility. *Journal of the Elephant Managers Association* 9(2): 123-127.

[2] Johnson, E., and d. Nestale. 1996. Application of Acrylic Nail Patch. *Journal of the Elephanr Managers Association* 7(3):37-38.

第8章	大象足部护理自愿接触系统： 问题与解决方案

彭妮·卡尔克，克里斯·威尔根坎普

引言

可靠、持续地接触大象的趾甲和足垫是保持圈养大象健康的一个关键方面。这需要大象的配合，一个能让大象安全进入的设施设计，以及提供照顾的人的灵活思维，这在任何大象管理方法下都是正确的，但是相对较新的、自愿的（或受保护的）接触方式给大象管理带来了一些新的挑战。在本章中，我们讨论了一些简单的大象设施改造和训练策略，这些策略使我们能够在自愿接触的设施中为大象提供良好的足部护理。

可靠的足部护理对圈养大象的健康至关重要。在自愿接触制度下，大象的足部、趾甲和足垫受到限制，这引起了相当大的关注（Priest，1994）。自愿接触（VC）是一个比保护性接触更准确和描述性的术语，因为它强调大象与饲养员的自愿合作（Doherty等，1996）。自1995年5月以来自愿接触一直是我们4只印度象的唯一管理方法。本章描述了我们在自愿接触象足部接近、护理和治疗障碍的解决方案。简单的设施改造和系统的训练，加上大象相对于饲养员的准确定位，使我们能够为大象的足部提供可靠、良好的护理。

设备改造

象舍的正面是由直径15cm的竖着的钢管组成，钢管的中心距离为61cm，通过改变3/4象舍的正面，水平放置4根铁链来达到自愿接触。第一条链条距地面51cm，其余3条链条间隔41cm。这些链条通过装置连接到竖着的钢管上，以便在需要时可以很容易地在象舍的正面制造更大的临时开口。

VC系统中的足部维护

在VC系统中，大象的纵向身体轴线相对于饲养员和围栏前的角度是足部和足垫维护的关键。目标是调教大象把脚放置或穿过象舍正面的水平链子上。

可以通过将大象躯体与"保护区域"的正面呈45°和90°来治疗前脚外侧和中央趾甲。通过训练大象将脚从开口伸出来，而不是将脚放在链上休息，这样就可以接触到大象内侧的趾甲和前脚上的足垫。

后脚外侧和中间的趾甲是通过将象的体位与象笼正面平行，并将后脚定位在合适的链条上以便于接近。通过训练大象使其头部与饲养员保持180°，可以接触到大象后脚上的趾甲和足垫。一名饲养员负责喂大象，让大象把它的后脚穿过象前面保护区域的目标开口。另一名饲养员协助进行足部护理和血液采集。喂料的饲养员负责观察大象，让大象的注意力集中在他身上，这样修脚的人就可以专心修脚了。

开始训练大象将一只脚指向目标区域，接着让大象将脚保持在那里的时间越来越长，然后让大象对刷子、锉刀和钳子脱敏。驯化开始时很短，逐渐扩大到20min。在长时间的足部护理过程中，经常给予大象15~60s的休息时间，以保持驯化的积极性，而不是蛮横对待。

在VC系统中治疗足部感染：一个案例研究

1997年9月16日，一头27岁的母亚洲象乐乐（Happy）被诊断为右前肢中央趾甲下有石砾挫伤。这个部位非常疼痛，她不愿意保持姿势供患处检查。最初的治疗包括每天用必妥碘和水洗脚3次，同时仔细观察她的跛行是否增加或受伤趾甲的任何变化。在治疗的第三天我们看到趾甲和足垫之间有分泌物的迹象。

接下来的16周内每天用必妥碘和水擦洗3~4次，并在上面涂上碘酊。及时修剪坏死的组织。1998年1月19日趾甲与足垫之间出现新的分泌物。治疗方法改为将脚浸泡在一盆双氯苯双胍己烷（氯己定）和水中10min，然后每天2次将氨苄青霉素钾软膏输注到感染部位。乐乐欣然接受了泡脚和局部药物治疗，但它最初不太愿意忍受

将药物注射到趾甲后面的柔软腔中。

对这种治疗完全脱敏需要1周。我们每天进行2组治疗，它逐渐适应并愉快地接受有点痛苦的治疗。每一组完成等待给药时它会得到额外的奖励。刚开始的几次治疗它把脚挪开，但关键是时间尽量短、强度适当，这样它就能回来重新调整脚，再试一次。它现在已经达到了训练的一个阶段，它把水桶拉到身边，把脚放在桶里。它还会把脚放在给药的位置，一旦给药它就会站着张大嘴巴等待奖励。

1998年1月28日兽医工作人员要求拍X线片，看看感染是否影响到它脚上的任何骨头。饲养员搭建了一个离地面2in的X线平台，并在实际拍摄X线片之前与乐乐一起练习了2d的足部定位。X线摄影没有问题，幸运的是骨头没有受波及。

我们继续在VC系统中成功地治疗这一区域。训练、调教和脱敏在治疗乐乐的脚中发挥了关键作用。

致谢

感谢野生动物保护公园哺乳动物部工作人员的指导、想法和培训工作，尤其是James Doherty、Patrick Thomas、Mike Tiren、Joeseph Mahoney、Bryan Robidas、Jerry Stark、Kathy MacLaughlin、Lee Rosalinsky和Gina Savastano.我们也感谢WCP健康中心工作人员的全力合作和支持，尤其是Drs. Robert Cook、Paul Calle, 和Bonnie Raphael.

延伸阅读

[1] Doherty, J. G., P. Kalk, and P. Thomas. 1996. The Bronx Zoo's Protected Contact Program with Asian Elephants. *AZ4 Annual Conference Proceedings* 1996:96-100.

[2] Priest, G. 1994. Answers to Questions about Protected Contact Elephant Management. *Animal Keepers' Forum* 21(3):80-91.

第9章　密尔沃基县动物园大象足部护理的历史

大卫·索伦森

引言

密尔沃基县动物园对4只雌性亚洲象和2只雌性非洲象的足部护理管理在过去的20年里不断发展。这段时间里我们从几乎没有足部护理到经过一段时间的广泛足部护理，最后到我们进行的适度护理。趾甲和角质层过度生长的问题，从轻微到严重的趾甲和足垫坏死，以及一只大象脚上反复出现的开放性腔道都有各种各样的治疗方法。使用的方法包括传统的修剪和泡脚、冷冻坏死组织、小手术和穿防护靴。我们目前正在试验一种聚合物地板覆盖物。

本章介绍了密尔沃基县动物园大象足部问题的简史以及治疗方法。我们仅以3只亚洲象的足部护理为例。虽然这些大象有许多共同的足部问题，但每只大象都有自己的问题类型，这在特殊情况中进行描述。信息主要从医疗记录中收集，并辅以饲养员的每日报告表和我对事件的记忆。

病历

安妮（Anne）　1988年11月观察到安妮的右前脚肿胀和柔软。其左臀部可能有感染，兽医认为它的脚肿胀与臀部有关。左髋肌注氟尼辛葡甲胺和三水合氨苄西林，每天2次，连用3d。12月1日在脚底的近末端发现了一个渗水的洞。这个洞并没有像人们所怀疑的那样延伸到皮肤下面，而是几乎破坏了整个脚底。12月2日处理工作包括使用直径1in的孔锯在分离的脚底上钻5个孔，以促进引流、冲洗和硬化脚底层，给予氟尼辛葡甲胺，直到12月12日未观察到压痛迹象时才停用。12月13日它撕掉了脚底大部分分离的片状悬挂物。从1988年12月14日至1989年1月3日，兽医和饲养员又修剪了足垫的其他受损区域。环烷酸铜用作新暴露的脚底的干燥剂。到1989年1月基本痊愈。今天同样的问题可以通过立即将整个受损的足垫从洞的顶端切除到健康组织来治疗。

它的前足垫很薄，很难修整足垫上的裂纹。尤其是它的右前足垫，偶尔会很薄，部分部位会出现粉红色，再多的磨损就会导致其出血。这不是由在足垫上操作的饲养员造成的，而是大象自己造成的。虽然它和其他3只亚洲象生活在同一个环境中，但它们从未患上这种疾病。虽然偶尔观察到安妮会拖着脚走路，但每次似乎都不会超过几秒钟，它的足垫从来没有成为一个严重的问题。

洛塔（Luota） 记录显示它主要患有趾甲和角质层裂纹。从1964年到1974年4月的早期记录提到了"脚上的裂纹，右脚跛行"。用碘酊治疗脚疮，用可的松注射治疗跛行。从1981年我们的大象项目开始，记录显示出它有破裂、坚硬的角质层和趾甲的病史。从1981年6月到1990年11月底，当洛塔被送到另一个机构时，兽医记录了9个主要的趾甲裂纹，只由饲养员处理，而没有引起兽医的关注。

在项目的前几年中，我们用矿物油来软化它的角质层。角质层也可以用蹄刀切掉，并用各种大小的锉刀锉平。在此期间趾甲裂纹用松焦油处理以帮助愈合。后来停止使用松焦油转而使用其他治疗方法，近年来环烷酸铜一直是唯一使用的产品。也停止了蹄刀的使用，取而代之的是X-acto刀。到20世纪80年代末它的角质层已经改善到只需要偶尔锉一下的程度。它的趾甲持续垂直裂纹的治疗方法是切掉和/或锉掉裂纹中的坏死组织，通常从裂纹中心向外呈V形。切除坏死组织直到只留下健康组织或直到开始出血。这个过程需要多次缓慢进行，有时持续一周或更长时间，直到所有的坏死组织都被切除。20世纪80年代中后期我们开始在趾甲的垂直裂缝顶端锉一条水平线。我们发现，把这条线锉到与趾甲背面垂直裂缝几乎相同的深度，这是很重要的。虽然并不总是成功，但这似乎确实有助于防止垂直裂纹继续向角质层裂开。除了打磨趾甲的底部，我们还打磨了趾甲表面面积最小的裂纹。这似乎促使裂纹朝那个方向生长，并向下移动，并从趾甲上伸出

来。趾甲裂纹的其他治疗包括使用环烷酸铜来帮助趾甲干燥和密封。

塔玛拉（Tamara） 塔玛拉的历史充满了脚问题。它有许多其他大象有的问题，但还有其他大象没有的问题。和洛塔一样，塔玛拉的表皮又硬又裂。这些都是用与洛塔的角质层状况相同的方法治疗的，所以到20世纪90年代，塔玛拉的角质层只需要偶尔用锉刀保养。塔玛拉最有趣的问题是它薄的后足垫很快就形成了坏死区域，长期足垫感染，左前足垫持续裂纹，右前脚慢性瘘管。

塔玛拉的后足垫通常又软又薄，但上面覆盖着许多大小不一、深度各异的裂纹。由于足垫很薄，很难定期从整个足垫上修剪组织。把它的脚浸泡在双氯苯双胍己烷（氯己定）或聚维酮碘溶液中并用福尔马林涂上足垫似乎没有多大作用。裂纹的处理方法是尽量把它们磨平。1989年我们把象舍里的沥青地面换成了新的混凝土地面。我们相信在安装了新地面后会得到更好的引流，大象的脚似乎也有一些相应的改善。1990年10月为塔玛拉安装了一个木托盘供它在夜间站立。在我看来，这个托盘的价值值得怀疑，因为它足部状况的改善似乎可以忽略不计。

塔玛拉的左前足垫还有一个有趣的问题。它的足垫上总是有一条很大的折痕，经常会发展成一条很深的裂纹。裂纹向颅侧倾斜，形成一个皮瓣将杂物围住。大多数裂纹可以通过制造V形或U形凹陷来修复，使杂物不容易附着，但由于形成皮瓣

的周围健康组织出血，这种裂纹很难修复。任何迅速切除组织的尝试都会导致大量出血。通常需要1个多月的时间才能将裂纹打开到足够大的程度，以便用水或抗菌溶液冲洗。左后脚内侧慢性趾甲感染导致脓肿始于1989年6月，到了7月趾甲附近出现了一个肉质突起。注射利多卡因并进行活检。病灶坚固、有弹性和血管。7月下旬该部位出现分泌物，到8月第三趾趾甲外侧周围形成肉芽组织。修剪第二趾甲和第三趾甲的坏死区域，并将脚浸泡在双氯苯双胍己烷（氯己定）溶液中。11月3日一位兽医咨询师用液氮冷冻了肉芽组织区域。虽然最初看起来效果很好，但到12月4日内侧趾甲后面出现了脓肿，大面积的坏死组织被切除，但由于出血无法找到进入趾甲的腔道末端，继续修剪趾甲和泡脚，到1990年1月该区域似乎正在愈合。

1991年2月24日，同一只脚的第二趾趾甲和第三趾趾甲间的裂纹中长出了一团白色的肉质脂肪组织，这个组织变大了容易出血。1991年3月15日再次对该纤维性肿块进行冷冻手术，治疗包括从足垫和第一趾趾甲处去除坏死组织和氯己定泡脚。这种治疗似乎治愈了病情，因为直到1991年10月下旬这只脚才出现进一步的问题，当时在第一个趾甲后面又出现了一个坏死的囊。使用同样的方法修剪和浸泡足垫及趾甲，到1992年8月脚再次看起来很好，尽管在这段时间内第一趾趾甲和它后面的足垫发生了一系列感染。

塔玛拉右后脚的第三趾甲后面也周期

性地出现1个腔道。它向上延伸，偶尔从趾甲顶部的一个小孔破溃。早期治疗包括用带针尖的注射器将必妥碘溶液冲洗到腔道。后来的几年里治疗包括沿着腔道向上去除坏死的趾甲，从趾甲底部开始尽可能地向上进行，而不会导致趾甲出血。前一段健康趾甲也被切除，这将留下一个奇怪的趾甲，但似乎确实解决了这个问题。然后将环烷酸铜涂抹在裂纹上。没有必要通过泡脚来治疗这种情况。

塔玛拉最持久和最困难的问题是它右前脚的慢性瘘管。塔玛拉右前脚有洞的第一个记录是在1982年1月6日。记录显示脚底破损，只有一个洞，用环烷酸铜进行治疗。1986年3月31日首次记录了"慢性腔道"就在它右前脚第三趾趾甲末端。记录表明，这种情况每1%的时间里间歇性地再次发生，尽管这可能是1982年1月6日描述的"洞"。1986年1月拍摄的X线片显示该腔道通向脚，接近P-3并伴有P-3的一些骨髓炎和可能的关节炎。在足垫中注射利多卡因后，对增生性组织进行治疗。切除软组织在足垫上形成一个直径3in的凹陷，并向上进入趾甲。在第3趾甲的凹槽上方也有一个软点，相信它会发展成这个腔道的引流点。其他治疗包括将肿胀、发热的脚浸泡在水中，然后用硫酸镁–必妥碘浸泡，每天4次，同时口服磺胺甲恶唑甲氧苄啶片。到1986年4月9日肿胀消退。1986年4月15日趾甲上的软区破溃，该腔道向下延伸至脚底，充满了脓液。腔道用必妥碘溶液冲洗。到1986年5月20日脓肿几乎愈合，但脚底缺损仍然存在。到1986年6月3日已没有证据表明该腔道存在。硫酸镁-必妥碘脚浸泡减少到每天2次，并用双氧水、必妥碘冲洗脚底缺损。6月13日再次拍摄脚X线片，显示P-2断裂，P-2和P-3骨赘形成。继续用双氧水、必妥碘冲洗和泡脚。

到1986年10月下旬，同一右前脚的末端出现了一个瘘管，到11月9日脚底中部出现另一个瘘管。大量肉芽组织在这些瘘管内和周围形成，偶尔见有"绳状组织"。最初用双氧水、必妥碘冲洗脚，并用硫酸镁泡脚。12月在瘘管内注射氯霉素软膏，这时足垫已经有了相当大的剥落。大约在1987年5月初的某个时候开始用福尔马林浸泡右前脚的足垫，记录显示5月5日这种情况减少到每周2次，从这一天开始用氯己定足浴。到了5月，右前脚的脚底组织也开始变硬，尽管现在有一些脓液从足垫后面流出。5月中旬停止福尔马林浸泡，因为饲养员觉得福尔马林刺激了它脚底的皮肤。这时当它被带到外面的活动场里时，在脚上套上保护袋。1987年7月20日，记录显示几个星期以来没有证据表明脓液来自脚底中部的瘘管。除了瘘管开口周围外，足垫已经硬化。脚浸在氯己定里，足垫涂上福尔马林。到9月中旬脚上的腔道已经蔓生到足底了。11月在中心瘘管的末端切除了一段6in的足垫，因为它已经被破坏了。开始每周冲洗1次必妥碘，并停止福尔马林治疗。服用磺胺甲氧苄啶片2周。1988年1月初在脚底末端发现了一个脓肿，打开后开始用双氧水、必妥碘冲

洗治疗，福尔马林涂在中央趾甲下的潮湿组织上。1988年9月2日再次对右前脚第三趾引流的病灶附近进行X线片检查，自上次X线片以来没有明显的变化。为塔玛拉做了一只皮靴，让它在室内穿着。11月21日的日志显示，脚底的2个瘘管都长出了白色组织。1988年11月至1989年3月期间记录了一些第三、第四趾趾甲之间有脓液的报告。直到1989年5月，第三趾趾甲后面的大缺损才开始愈合。到8月中、下旬脚有了很大的改善。瘘管显然消失了，只剩下了足垫上的裂纹。

1990年2月22日，又出现了一个脓肿破坏了第二趾趾甲及其后面的足垫。趾甲下有干酪样物质，治疗方法是修剪坏死的趾甲，并用双氯苯双胍己烷浸泡。1990年3月5日塔玛拉的体重比1988年3月的峰值下降了770kg。即使继续修剪趾甲和足垫，到3月底第二趾甲后面出现了一个小腔道，4月脚底出现缺损。7月中旬1cm的瘘管复发。切开瘘管周围的敏感组织并泡脚，其间偶尔出现脓肿。1991年3月15日对瘘管周围区域进行冷冻手术时，脚仍未愈合。继续清理瘘管周围的区域，修剪坏死组织和泡脚，并让塔玛拉穿着一个邮袋保持足部相对清洁，直到4月份由于厌食症，开始药物治疗。4月10日至21日静脉给予氟尼辛葡甲胺、氨苄西林-亚内酰胺和庆大霉素。到4月底溃烂的地方开始愈合，它被允许放到外活动场，溃疡面积逐月缩小。到11月底除了一条小裂纹外，伤口已经闭合了。

1992年1月23日第三趾趾甲后面又出

现溃疡。趾甲和它后面的足垫再次感染，治疗包括切除坏死组织直到健康组织出血的地方。8月伤口开始愈合，在修剪部位添加环烷酸铜，10月将泡脚药物从双氯苯双胍己烷（氯己定）改为必妥碘。12月的X线片显示脚骨骼正在愈合，先前的第四趾P–3断裂病灶完全愈合。没有骨髓炎的迹象。

贝比和露西（Babe和Lucy）　非洲象贝比和露西1962年来到动物园，当时估计在4~5岁。它们的饲养环境和亚洲象几乎一样。它们的脚相对来说没有什么问题，虽然偶尔会出现轻微的趾甲裂纹和趾甲、足垫的腐烂，但这些问题总是由饲养员处理，从不需要兽医护理。最近因为我们更多地参与了保护性接触项目的其他方面，它们的脚得到的照顾少了。结果脚的状况恶化了，这表明总是有潜在的问题发生。当我们再次开始定期保养时，它们的脚开始恢复到以前的状态。

前一年我们在新的非洲象舍里安装了高密度聚合物地板。2周多的时间，地板就浇好可以使用了。这样做是为了帮助缓冲底层混凝土地板对大象关节的影响。

结论

薄的足垫，再加上导致脚腐烂的条件，造成修剪工作很头痛。应该尽一切努力使地板干燥并消除脏地板。对于一些动物来说可能不可能达到消除这个问题所需的程度，密切监测脚并不断修剪足垫可能是唯一的答案。在经历这种情况的一只动物身上，薄的足垫本身似乎并不是什么大问题。我们确实偶尔会遇到瘀伤，但当我们用砂黏土混合物代替我们的石砾填充的活动场基材时，这些几乎被消除了。

健康的角质层可以通过偶尔修剪或锉削来保持良好的形状。软化它们可能是个好主意，但可能没有必要。趾甲需要经常修剪，以免受到挤压。在大多数动物园中大象暴露在坚硬的地面和潮湿的环境中，可能会导致至少一些动物偶尔出现坏死区域或裂纹。发生这些情况时应该积极治疗，削去坏死组织，修剪趾甲底部。有趣的是，在我们的大象项目中，有一些关于趾甲和角质层裂纹是否应该积极治疗或者是否应该治疗的争论。我们尝试了每一种方法，得出的结论是放任自由不是一个好主意。

感染的腔道进入脚是一个严重的问题。如果没有异物需要移除，那么从内到外尽快愈合伤口是目标。持续、积极地修剪区域，结合泡脚和在该区域使用环烷酸铜似乎最有效。在软足垫上刷福尔马林也可能是有用的。抗生素治疗可能是必要的。根据我们项目的经验，治愈这些感染需要1年多的时间。

非洲象和亚洲象的足部状况似乎有所不同。无论是在问题的数量还是严重程度上，非洲象都没有显示出亚洲象足部问题的严重程度。这是物种特有的还是由于它们的个体性质尚不清楚。

致谢

我要感谢动物园的两位兽医，Roberta Wallace和Vickie Clyde博士，以及Bruce Beehler副主任，感谢它们在医学术语方面提供的建议和对本章的审阅。

第10章 维也纳美泉宫动物园大象饲养和足部护理

哈拉尔德·M. 施万默尔

引言

动物园的游客一直将大象列为最迷人动物。在野外，亚洲象濒临灭绝，非洲象濒危。圈养条件下，繁殖仍远不足以维持动物园的种群数量。究其原因是缺乏能够容纳公象的设施。此外，许多大象饲养员以及饲养员对这些物种的培训和了解不足。

关于保护性接触（不触碰）或自由接触（触碰）（Doherty等，1996；Priest，1994）两种处理方法的优点有相当多的讨论。1996年维也纳美泉宫动物园为非洲象建立了一个新的设施（Pechlaner等，1997）。该设施为一头7岁的公象提供保护性接触或自由接触管理，并为母象提供自由接触系统。后一种方法是在有训练有素的饲养员的情况下管理母象最有前途的方法。

渐进式繁殖管理

经过几个研究项目，欧洲第一个大象人工授精项目于1999年在维也纳启动（Schwammer，1999a）。美泉宫动物园的非洲象种群由1公5母组成。公象7岁，母象分别为13岁、13岁、24岁、39岁和40岁。

该项目的目的是通过使用外部公象（来自英国科尔切斯特动物园）将新的遗传多样性引入种群，然后在美泉宫动物园的公象成熟后进行自然繁殖。

所有的过程都是在自由接触下进行的，没有采取镇静措施。必要的日常直肠超声检查和人工授精的每一个训练步骤都进行了录像，以记录现代、人道的训练方法的成功使用。我们的大象饲养员的高度专业精神造就了训练有素的大象，并使上述过程成为可能。

1999年欧洲大象保健讲习班 从1999年3月开始美泉宫动物园与其他专家合作提供一系列培训课程。19人参加了第一次医疗护理、治疗和研究的欧洲大象训练讲习班。与会者包括来自英国、德国、瑞典、印度尼西亚和奥地利的饲养员、管理员和兽医（Schwammer和Riddle，1999；Schwammer，1999b）。主题包括：足部护理、皮肤护理、口腔检查、身体测量、血液样本、X线检查、超声波检查和人工授精的准备方法。

足部护理 在野外和圈养环境中发生足部问题似乎有多种原因（Fowler，1998）。在圈养和非圈养有蹄类动物身上看到的类型问题也可以在大象身上看到。

这些包括穿透性损伤、脚底裂纹、趾甲裂纹、过度生长和感染。潮湿的环境和不充分的运动是诱发这些疾病的因素（Mikota等，1994）。

必须考虑到非洲象和亚洲象在足部健康管理方面的差异。非洲象的足部问题似乎比亚洲象少，但原因尚不清楚（Sorensen，1998）。这导致了两个物种使用地暖的不同理念。一些动物园不给亚洲象加热地板，因为它们害怕扰乱趾间的汗腺，从而导致足部问题。其他人害怕有水泥地板的场地。这些做法纯属个人意见，因为尚未收集到相关数据来验证这些假设。

地板质量　美泉宫动物园新大象设施在象棚内和室外庭院中使用了多种地板材料。室内围场由6个围栏组成，底部覆盖着沥青，另外还有1个大约500m²的内部区域，上面覆盖着一层特殊的再生橡胶层。表面是倾斜的，因此水和尿液等液体可以迅速排出。地板加热后很快就干了。大象待在湿地板上的时间被最小化。母象（没有公象）被关在一起，晚上可以自由活动。温度由地板和墙壁供暖维持。

室外活动场的大部分都覆盖着一层厚厚的沙子。象舍附近有一块地方铺满了灰石。动物们也可以进入一个平缓的斜坡，水泥板覆盖的壕沟通往游客观参观区。活动场里还有一个特殊的泥浴和一个大游泳池，可以用于皮肤护理、丰容和足部健康。活动场的设计是为了给动物提供各种各样的基材。

足部控制和护理　始终如一地控制每一个个体是大象日常生活的重要组成部分。必须每天监测足部的状况，以避免问题的发生，并为存在的问题提供治疗。大象的日常训练是足部护理的关键因素，以便于完成定期进行的操作。虽然我们一年半前才开始这个项目，但趾甲裂纹的发生率已经减少了，这种常见的情况现在已经解决了。

病历

维也纳美泉宫动物园39岁的雌性非洲象足部脓肿　除了有关节炎问题外，这头大象还在1998年首次出现了右前脚脓肿的最初迹象。脓肿从趾甲的冠状带边缘延伸到脚底。

脓肿在趾甲的顶端自行破溃，脚底又开了一个口。前2个月每日用必妥碘溶液冲洗。这种治疗显示了一些积极的结果。夏天的时候我们决定让大象出去，在阳光炙烤的干燥沙滩上散步，这种活动是有益的，因为热沙似乎能使脓肿变干。脓肿在6个月内就完全愈合了。

在维也纳美泉宫动物园我们在与母象自由接触的情况下工作，并防止与公象的接触。足部健康可以使用这两种方法进行管理（Kalk等，1998；Kam，1998），尽管我们相信自由接触管理方法可以最好地实现目标。尽管如此，公象的脚趾上还是有小裂纹，几周后这些裂纹被切开并向下生长，没有感染。

趾甲外伤　斯洛伐克博伊尼采动物园

的大象在玩了一棵树之后，左前腿中间的趾甲有1/3脱落了。我们把趾甲修剪直，经过2个月的快速再生，趾甲愈合了。

阿萨姆邦哈尔科夫动物园成年公象趾甲过度生长 1997年初，哈尔科夫动物园的大象饲养员奥列格·格里琴科请求协助处理一头45岁公象脚上的严重情况。趾甲的生长，特别是前脚达到了20～30cm，脚的整体状况需要紧急治疗。该公象的脚已经7年没有治疗了！根据他们从哈尔科夫收到的照片来看，许多专家最初认为这是一个无望的局面。对于像阿萨姆这样的大象来说，脚的状况对它们的生存至关重要，因此这是一个紧急情况。

来自几家公司的支持以及个人捐款为这次活动提供了资金。在哈尔科夫直接处理这一案例的5名专家免费提供了服务。埃尔福特动物园的2名兽医Angelika hinke博士和dietmar Kulka博士以及2名大象饲养员Karl和Carsten Kock和一名技术人员Hans-Peter Schmidt于1997年8月8日飞往基辅。动物园的兽医用吹管给公象注射了镇静剂。在给公象注射镇静剂期间，兽医们忙着监视它，而饲养员们则忙于修趾甲。特殊的刀、锯、钳子和其他工具用来将这头大象的趾甲恢复到它们的自然状态。有趣的是，在长得太长的趾甲中没有发现毛细血管。公象被注射了大约2h的镇静剂，这段时间足够完成趾甲和脚底的详细工作。通过苏醒剂和刺激血液循环来中和镇静作用。给予苏醒剂几分钟后阿萨姆开始移动他的耳朵和躯干，作为他苏醒的标志，他自发地排泄粪便和尿液。半小时后他毫不费力地站了起来，啃了一些食物（Hinke，1998）。

预防足部问题胜于药物治疗

国际经验交流非常重要，在里德尔大象保护区（美国阿肯色州）进行了实践课程教学。美泉宫公园定期提供特别培训课程和讲习班（训练大象进行医疗护理、治疗和研究）。自由接触管理为必要的足部护理提供了最好的机会。保护性接触是进行适当足部护理的第二选择，在某些情况下取得了成功（Kalk和Wilgenkamp，1998；Kam，1998）。

以下是一些有助于防止圈养大象发生足部问题的措施：

· 在室内和室外围栏中提供不同的地板基材。沙子是最好的地面覆盖物，但是有必要使用河沙。避免使用破碎的石砾（如分解的花岗岩）制成的沙子，因为边缘锋利。提供有草或较硬材料覆盖的区域给动物提供了一个基材选择。泥浴和浅水池提供水分和保护，这是健康皮肤所必需的。

· 可以使用不同的喂养方法来增加大象的活动。食物可以在不同的地方提供，每天提供5～8次以有效地增加活动。

· 日常训练和日常工作有助于保持良好的身体状况和体重。

· 日常清洗（如每天淋浴1次或2次）有助于皮肤和足部健康，清除污垢和粪便。

- 室内地板应加热以保持温度并加速干燥。如果使用柔软的地板覆盖物，如再生橡胶，地板必须倾斜，这样液体才能迅速排出。
- 在冬天寒冷的地区，大象必须长时间待在室内。这些动物应该能够日夜自由活动。应尽一切努力保持地板的清洁、干燥。
- 食物的质量关系到足部的健康。与家养有蹄类动物一样，高能量食物会导致它们的蹄子和趾甲过度生长。这些情况通常是由营养问题引起的，而不是像通常认为的那样，是由于在坚硬的地面上行走造成的趾甲的机械磨损。
- 所有足部护理设备应保持清洁和良好状态，并应在使用之前进行消毒，这将有助于防止额外的继发感染。
- 在有伤口和脓肿的情况下，保持足部干燥比使用鞋子或凉鞋更成功。消毒后，应该让动物出去，因为温暖的阳光和新鲜的空气有助于愈合过程。

结论

在许多动物园和机构中，预防并没有取得成功。因此积极的足部治疗仍然是大象基本饲养计划的一部分。当足部出现问题时，应该对整个项目进行评估：营养、笼舍、行为活动、锻炼、大象饲养员的技能和大象的驯化水平。大象处理者、兽医和管理员之间的合作是成功预防足部问题和提供必要的足部护理和治疗的基本要求。人们一致认为，需要对大象脚病的预防和治疗进行更多的研究。

延伸阅读

[1] Doherty, J. G., P. Kalk, and P. Thomas. 1996. The Bronx Zoo's Protected Contact Program with Asian Elephants. *AZ4 Annual Conference Proceedings* 1996:96-100.

[2] Fowler, M. E. 1998. An Overview of Foot Conditions in Asian and African Elephants. In *Proreedings of the First North American Corlference on Elephunt Foot Care and Pathology*, edited by B. Csuti, pp. 1 4. Portland, Oregon: Metro.

[3] Hinke, A. 1998. Rescue Team for "Assam" the 45 Year Old Asian Bull in Kharkov Zoo (Ukraine) in August 1997. *Elephant Journal* 1(1/1998):4-5.

[4] Kalk, P., and C. Wilgenkamp. 1998. Elephant Foot Care Under the Voluntary Contact System: Problems and Solutions. In *Proceedings of the First North American Conference on Elephant Foot Care and Pathology*, edited by B. Csuti, pp. 15-16. Portland, Oregon: Metro.

[5] Kam, B. 1998. Pre-operative Conditioning and Post-operative Treatments of a Protected Contact Bull Elephant. In *Proceedings of the First North American Conference on Elephant Foot Care and Pathology*, edited by B. Csuti, pp. 6348. Portland, Oregon: Metro.

[6] Mikota, S. K., E. L. Sargent, and G. S. Ranglack. 1994. *Medical Management of the Elephant.* West Bloomfield, Michigan: Indira Publishing house.

[7] Pechlaner, H., H. Schwammer and h. Burger. 1997. The New Elephant Park at Schonbrunn Zoo. *Proceedings of the 52nd Annual Conference IUdZG, Berlin, Germany.* pp. 13-17.

[8] Priest , G. 1994. Answers to Questions about Protected Contact Elephant Management. *Animal Keepers' Forum* 21(3):80-91.

[9] Schwammer, H. 1997. A New Facility for African Elephants (*Loxodonta africuna*) at the Schonbrunn Zoo, Vienna, Austria. *Journal of the Elephant Managers Association* 8(2):68-72.

[10] Schwammer, H.1999a. Breeding Management of African Elephants: A Progressive Project. *International Z0o News* 46(6):331-334.

[11] Schwammer, H. 1999b. Report on the 1st

European Workshop on Training Elephants for Medical Care, Treatment and Research, Vienna 12th and 13th March 1999. *EMOA Newsletter* No. 17.

[12] Schwammer, H., and H. Riddle. 1999. Training Elephants for Medical Care, Treatment, and Research. *Proceedings of the 39th International Symposium of diseuses of Zoo and Wild Animals.*

Vienna, Austria, p. 44 1.

[13] Sorenson, D. 1998. A history of Elephant Foot Care at the Milwaukee Country Zoo. In *Proceedings of the First North American Conference on Elephant Ffoot Care and Pathology,* edited by B. Csuti, pp. 17-22. Portland, Oregon: Metro.

第11章

梅斯克尔动植物公园亚洲象足部预防性护理

琼·阿尔伯特·休斯，马德琳·索瑟德

引言

印第安纳州埃文斯维尔的梅斯克尔动植物公园有一只46岁的雌性亚洲象，晚上被关在一个有水泥地板的内舍里。她每天都可以去室外活动场，活动场里有大块石砾（53号石灰石）的基材，上面覆盖着碎石灰石（10号石灰石）和一片沙子。我们有一个积极的、自由接触的方案来防止严重的足部问题。预防方案包括室内展厅和外展区的维护、日常管理、每日亲自检查、每天擦洗足部2次、每周为4只脚做足部护理。为了更有效地利用时间，除了常用的手动工具外，还可以使用电动工具（刨床，打磨机）进行修脚。如果问题早期被发现，治疗是积极的。治疗通常包括药物浸泡、局部抗菌剂和去除所有坏死组织。这样，就控制了比较小的问题，防止发展为大问题。

梅斯克尔动植物公园为亚洲象制订了一个自由接触的预防性足部护理计划。该计划包括常规的饲养实践、内部和外部展区维护、每日足部检查、每周修脚，以及饲养员和兽医工作人员之间的双向沟通。当新问题出现、旧的治疗方法失效时，该计划就会更新，这种预防方案可以及早发现和处理小问题，从而避免将来出现大问题。

一般背景资料

邦尼（Bunny），雌性亚洲象，出生于1952年，1954年来到梅斯克尔动植物公园。除了在20世纪50年代早期的一小段时间和20世纪80年代的大约5年时间外，她一直被单独饲养，当时她与年轻的非洲象一起饲养，一直使用自由接触系统进行处理，Mikota等（1994）将其定义为"当大象和饲养员共享同一工作空间时，人类直接处理大象。饲养员的安全取决于大象对所有命令的可靠性和反应"。

邦尼的性情基本上是温和的，偶尔会有情绪波动。多年来，她换过几个不同的饲养员。她通常和饲养员的关系很好，但像所有的大象一样，她很容易受到惊吓，对任何变化都反应不好。现在的饲养员和她一起工作了12年。

过去，邦尼每晚都被锁在里面的展厅中，但几年前由于她的后脚经常接触尿液和粪便，导致持续的问题，她不再被锁在里面的展厅中了。她的日常饮食包括象粮（马祖瑞、普瑞拉）、3~4饼苜蓿干草，2~3包梯牧草和各种各样的农产品，还补充了维生素E和岩盐。大约每6个月称重1次，因为体重对她的足部和趾甲的状况有很大的影响。它越胖，活动场里的石砾就越深地扎进它的脚里，很容易造成趾甲开裂。

大象展出和活动场

在处理邦尼的足部问题时，活动场的状况是一个主要的考虑因素。她在梅斯克尔动植物公园的整个时间里，活动场的大小都是一样的，但经历了许多变化。这是一个大的圆形活动场，在一座小山的脚下有一个深水池。以前在温暖的天气里，游泳池一直是满的，但这种做法被停止了，因为她的足部问题暴露在游泳池的细菌中会导致脓肿。现在游泳池通常一周只注一次水。然而，当水池没有被填满时，就会有涓涓细流流出来，这样邦尼就能不断地获得水。

游泳池的2/3被铁轨枕包围，可以让她的足部和身体进行丰富的活动和摩擦。几年前，基材开始是草，然后是泥土和泥坑。在此期间，邦尼似乎出现了更多的角质层问题和足部脓肿。在泥上加了一种石砾基材导致她的足底和趾甲上有洞。现在，这个活动场里有小的碎石（10号石灰石），占总面积的90%以上。活动场的10%是一个沙坑，她大部分时间都在外面度过。活动场里有一个拖拉机的大轮胎，她可以用它来蹭痒，还有一些原木和各种大小的轮胎。有一个大球供她使用，她走到哪里都带着它。活动场里的阴凉处很小，

所以在夏天它被允许进入室内展区。在炎热的天气里，邦尼大部分时间都待在室内。她可以自由选择想呆的地方，这提供了行为上的丰富。

在寒冷的天气里，她待在室内。室内展厅由两个混凝土地板组成。有悬挂的轮胎用于摩擦。在有树皮的情况下，提供了植物和/或原木，这样她就可以吃树皮或用脚把树皮擦掉。

邦尼的足部护理史

多年来，邦尼有各种各样的足部问题，由足部和趾甲的不适当磨损、展出条件和缺乏足够的锻炼引起的。随着年龄的增长，她的足部问题和一般的健康问题越来越频繁。在过去的12年里，她的足部状况和足部护理在很多方面都发生了变化。

在中西部不同的气候条件会导致足部问题。夏季炎热潮湿的天气会促使角质层脓肿和趾甲开裂。潮湿的环境会软化趾甲，不适当的磨损或修剪会对软化的趾甲施加不寻常的压力，导致开裂（Schmidt，1986）。在冬天一系列不同的问题出现了，由于大象大部分时间都被关在室内，角质层以上的坏死性足部皮炎，俗称腐足病更加普遍。这种情况的发展是因为她在后腿内侧小便，不能用泥土来擦干，尿液使该区域保持湿润，从而使细菌在皮肤上繁殖，引发腐足病。当她在晚上被锁住时，腐足病更严重。晚上不锁可以减少这个问题的发生。让她移到没有粪便的地方也有助于防止脓肿。一小池水（不是她的

饮用水）也可能被粪便污染，导致趾甲上方角质层脓肿。脓肿和足部腐烂的主要原因是长期潮湿、肮脏的环境和运动不足（Schmidt，1986）。

在温暖的天气里，当她可以进入活动场时，碎石会导致足部问题。碎石可能会卡在足垫和趾甲里，如果不立即清除，可能会导致趾甲腐烂或在脚底形成脓肿。由于石灰起到干燥剂的作用，她会在趾甲上造成非常小的裂纹。但是活动场里也有各种各样的东西供她摩擦，帮助防止角质层过度生长。让她的足部保持整洁也很重要，因为她不能像在野外那样走路。缺乏锻炼会导致脚底和趾甲过度生长，从而导致重大问题。

直到1980年左右，邦尼28岁的时候，她的足部问题才持续出现。在1980年以前，她偶尔会有一些小毛病。当她的足部在角质层上持续出现裂纹时，引入了更常规的足部护理方案。该方案包括使用聚维酮碘溶液浸泡，然后使用90%二甲基亚砜（DMSO）和呋喃西林溶液。到1981年中期，对过度生长的修剪也加入了常规。这个问题一直持续到1981年末。从1982年到1985年底，常规治疗包括碘伏溶液浸泡和擦洗以及修剪多余生长的角质层。1985年底，它的后脚开始出现裂纹。常规应用呋喃西林。到1986年初，裂纹仍然是个问题。继续浸泡聚维酮碘溶液，现在也将聚维酮碘溶液冲洗到脚缝中，并使用环烷酸铜（美国艾奥瓦州道奇堡动物保健）。在1986年剩下的时间里，足部没有出现新的

问题。

1987年，右后足垫出现了一个洞。这个洞大约有1.3cm。治疗包括正常的例行操作，加上用水冲洗洞并保持清洁。接下来的5个月出现了更多的洞。每出现一个新洞都是为了更好的引流。这个时候制订了更频繁的足部修剪计划。到1987年年中人们确定室外水池不断被灌满是造成其足部问题的原因。水池被排干，直到洞和角质层愈合。擦洗后再次将二甲基亚砜-呋喃西林混合物涂抹在角质层上。用3%的双氧水溶液冲洗。足底的洞愈合得很好，但在1988年和1989年期间，角质层仍然是个问题。

1990年初又出现了一个新问题——右前脚外侧趾甲有很深的裂纹。1990年1月，用外科胶水防止趾甲进一步裂纹。到1990年2月放弃了外科胶水，取而代之的是用丙烯酸贴膏填满整个裂纹。继续定期修剪足部，但更多地关注任何跛行或来自趾甲和/或角质层的发热，这是感染的症状。2个月后贴膏脱离，于是重新填充丙烯酸贴膏。角质层仍然是一个长期存在的问题，而腐足病就发生在后脚角质层上方。1990年7月再次应用丙烯酸贴膏。我们用了一根金属丝贯穿趾甲裂纹的两侧，以帮助贴膏在裂纹中停留更长时间，这是最后一次应用，大约3个月后，当贴膏取出时，趾甲已经完全愈合，不需要再次填充。

1991年夏天的不同时间里，邦尼的4只脚都长了脓肿。我们意识到这将是一个季节性问题。池子里的水又一次被抽干了，空着让邦尼的足部保持干燥。使其足部尽

可能保持干燥是最新增加的一项。3个月后，也就是秋天开始的时候，她的脚开始好转。1992年1月我们开始在她的角质层上使用电动磨砂机，这提高了我们防止角质层过度生长和困住杂物的能力。

从这段时间到1994年底，在脓肿大面积破坏之前，就及早发现并进行处理。1994年9月，发现左前脚有瘘管感染。感染似乎起源于脚底，在离原点近几英寸处裂开。把这个区域划开排脓和清洗，每天用3%的双氧水和由1/3的呋喃西林、1/3氯己定和1/3的3%双氧水组成的溶液冲洗3~4次。然后用浸有聚维酮碘溶液的纱布海绵填充脓腔。用绷带固定纱布海绵，第一条绷带是一块用管道胶带覆盖的一次性尿布。由于绷带在大象的前脚上很容易取到，大象在1h内就把绷带取了下来。最后的绷带设计是一个小的防水脚垫，用来固定纱布海绵，然后用管道胶带覆盖，只覆盖趾甲区域。这对邦尼来说似乎是可以接受的，她就不管了。这个设计的关键似乎是不让管道胶带粘在她的角质层上。使用这种治疗方法，瘘管只用了两个月就愈合了。

1995年年中，在脚底发现另一个瘘管。治疗包括正常的清洁过程和去除坏死组织，直到有新鲜血液流出。然后用上述呋喃西林–氯己定–过氧化氢溶液的混合物冲洗该区域。这个步骤每天至少做2次，直到愈合。3周内，瘘管愈合。自1995年中期以来没有严重的脚或角质层问题。发现脓肿后立即切开，很快愈合。

1998年8月，左前脚侧面的趾甲出现一个相当大的裂口。治疗方法是必要时切除坏死组织，以便引流，并保持趾甲清洁干燥。目前，趾甲开始改善和愈合。

随着每一个额外事件的发生，我们收集了更多的信息来改进我们的预防性足部护理计划。邦尼生活的各个方面都被调查过，包括活动场的状况、脚的状况、修剪过程、日常饲养和天气。在几个特别持久的问题期间进行的细菌培养表明肠道细菌是脓肿的病原体。这导致池填充计划和展区管理的变化。例如，在内舍外放置了大型风扇，以加速清洁后地板的干燥。

足部护理设备

照料大象的脚需要无数的工具。对梅斯克公园动物园来说，驯象刺棒是用来训练和控制大象的最重要的工具。当在自由接触系统中对大象的脚进行处理时，这个工具尤为重要。因为我们使用的是自由接触系统，我们至少需要两名训练有素的大象饲养员，在与大象一起工作时每人都需要配备一个驯象刺棒。当修脚和使用电动工具时，这一要求变得更加迫切。一个人控制并分散动物的注意力，另一个人进行足部操作。

搁脚凳是用来把大象的脚放在一个合适的位置进行足部操作。搁脚凳可以把脚放在一个更便于观察的位置，饲养员也就不必倒着去看象的脚底状况。

带柔性头适配器的动力磨砂机用于塑造趾甲和角质层。这样可以清理任何粗糙和过度生长的组织，从而去除杂物和水分被困住的区域，防止脓肿的发展，脓肿与细菌在被困杂物和水分的混合物中生长有关。

电动刨机用于从脚底和趾甲底部取下薄层，以便更好地查看可能存在问题的区域，还可以防止足底过度生长，否则会导致脓肿。由于脓肿在被发现之前可能会变得非常严重，因此早期发现至关重要。

电动工具可以比手动工具更快地完成必要的工作，从而可以安排更频繁的足部护理。能够给予足部更多的护理时间可以使足部保持在更好的状态，并有助于及早发现问题。使用电动工具有一些缺点，用刨机从脚底或趾甲上剪掉太多可能是一个严重的问题，这可能会导致疼痛或无意中暴露循环系统，从而导致污染。与过度刨平相关的一些问题是脚底折叠和脚底下面的组织瘀伤，这两种情况都会导致严重的脓肿和脚底脱落。为了防止修剪过多，应该每次只修剪一点点。通常刨机设置在最低设置，所以只能切割最薄的脚底。刨削时的经验法则是一次只削掉尽可能少的部分。足垫的变形是另一个问题，足垫应该平整，不应该沿着曲线向上延伸到脚背。如果操作不当，大象的重心会发生变化，并可能出现其他跛行情况。

各种尺寸的手锉用于磨平电动工具修剪后留下的粗糙区域，可以防止可能导致脓肿的杂物被困住。像修剪山羊脚那样的手剪是用来修剪角质层周围多余的生长物，并打开角质层上的任何脓肿。蹄刀用于削去脚底和趾甲开放性的问题区域。每天使用手持式磨砂刷擦洗角质层、趾甲和脚底，尽可能保持足部清洁。棉签在检查瘘管的深度和趾甲和角质层上的洞时会派上用场。用不带针头的注射器将消毒剂和药物冲洗到与脓肿相关的管腔中。

训练邦尼使用电动工具

虽然邦尼是在自由接触系统中训练的，但为了做足部操作特别是用电动工具完成的操作，需要专门的训练。训练过程始于让大象习惯电动工具（刨机和磨砂机）发出的声音，然后让她看到它们。一旦完成了这个动作，她就会接受训练，允许没有打开的电动工具在她的脚上移动。如果它不动，意味着它允许这样做，它会得到很多奖励。接下来，在它的脚上打开电动工具。在这个训练过程中，食物是非常重要的，既能提供积极的强化，也能分散注意力。

尽管邦尼已经接受了使用电动工具的训练，但在任何时候都必须小心。足部操作的持续时间应该只持续到大象能够忍受的时间。一旦大象的耐心耗尽，足部操作就应该暂停到第二天。这可以防止大象将足部护理与不愉快和恐惧联系起来。

一般日常护理

通过抬脚并检查每只脚来完成。所有的杂物都要刷掉，最重要的是任何嵌在脚底或趾甲里的石砾都要立即清除。嵌入的石砾如果不去除，会引起趾甲腐烂和脓肿。

每周每只脚都要放在搁脚凳上仔细检查2次，这是最能看到脚和发现大部分问题的时候。一般的足部治疗包括清洁趾甲和角质层，剪掉角质层上多余的皮瓣，以及触诊角质层周围的脓肿。早期的脓肿感觉比角质层的其他部分更有流动性和弹性，但"由于正常或过度生长的脚底的厚度和韧性，许多足部脓肿不容易从外部观察到波动性肿胀"（Schmidt，1986）。清洁趾甲、足垫，检查趾甲底部是否有任何问题，如暗斑或软斑。

至少每2周使用1次刨机。刨机设置在最低设置，只是去除足垫和趾甲的外层。这消除了暗层，使任何问题更明显。所有被压碎的石砾都从这一层下面被清除，然后沿着足垫的侧面检查脚背。这个区域的任何裂纹，如果看起来潮湿或很深，并沿着它们的侧面加宽，须切割侧面的粗糙边缘并锉平。此后裂纹沿着脚的轮廓从一边到另一边，而不是从上到下。这使得没有任何区域可以容纳杂物。如果没有发现问题，大象就可以展出（夏天在室外，冬天在室内）。

下午大象洗澡时再次检查脚。要特别注意清除任何新的石砾。然后用刷子和氯己定磨砂膏擦洗脚。一旦整个脚清洁干燥，在角质层区域和后脚角质层正上方的内侧涂上一层薄薄的凡士林抗菌强化护理霜。这种乳霜有两个作用：①软化皮肤，让大象擦掉多余的赘生物；②可以保护这些区域免受尿液和粪便的影响。

额外的足部护理

当出现问题时，一般的足部护理过程仍然完成，但要针对具体问题进行额外的治疗。最常见的问题是脓肿。最好尽早发现脓肿，由于在病情严重之前通常是看不见的，因此触诊角质层是必要的。触诊趾甲周围和趾甲之间的角质层。如果发现疑似脓肿，则在该区域上做一个小三角形切口，以确认下面是否有浆液或脓液。脓肿中脓的类型取决于所涉及的细菌，很多都充满浆液。如果发现液体或脓液，用棉签确定脓肿的方向是水平的还是垂直的。如果是水平脓肿，则在两端开一个小的三角形洞。如果脓肿是垂直的，在脓肿的最底部打一个小的三角形洞。脓肿上面的皮肤留在原处，这可以保护新皮肤，直到下面的新生长组织导致旧皮肤脱落至完全愈合。脓肿每天用3%双氧水或一半氯己定和一半3%双氧水的混合物冲洗两次。每天观察该区域并保持开放，直到完全愈合（皮肤下不再形成液体或脓液）。

趾甲的细微开裂是一个新的和持续的问题。目前，任何裂纹在顶部打开一个颠倒的V字形或圆形。锉平切割的侧面，所以没有粗糙的边缘。趾甲沿着底部修剪，以确保重量不会影响趾甲。展区尽可能保持干燥，以减少潮湿的影响。我们基本上都这样做，因为我们没有发现在这个时候有必要采取更好的预防措施。

趾甲腐烂主要是由石砾或碎石灰岩嵌入趾甲引起的。处理包括找到石砾并将嵌入的区域刨成比石砾略深的深度。如果区域变黑并且看起来腐烂了，那就是趾甲腐烂了，必须将此区域大幅切除并打开到趾甲的前部。一种积极的方法包括去除所有坏死组织，是防止趾甲腐烂扩散的关键。有时需要多次尝试才能最终消除所有坏死组织。趾甲必须剪短，以防止任何压力，趾甲的所有边缘都要锉得光滑。为了验证这一点，我们让大象用脚站着，确保趾甲不碰到地面。棉签用来检查深度，可以顺着管腔到达趾甲的髓质。当腐烂物被清除时会导致出血。坏死组织会反复出现，持续数天。刮擦区域应尽可能保持清洁和干燥。在髓质和指甲的交汇处总会有一个小凸起。这个区域需要用棉签仔细清洁。由于该区域正在愈合，需要进行一些整理确保伤口由内而外愈合。必须一直保持开放！每天冲洗几次。如果趾甲上的洞很大，就用一块纱布海绵浸泡在聚维酮碘溶液中，把它塞在那里，直到纱布海绵掉出来。愈合可能需要几周或更长时间。

用刨机保持足垫光滑有助于防止足部问题。去除变暗的外层容易发现表面下的问题，还可以早期发现异常情况和预防更严重的问题。

腐足病发生在后足内侧角质层正上方，通常是季节性问题，最常发生在冬季。当大象小便时，尿液会顺着后腿内侧流下来。在夏天这不是问题，因为大象会扔泥土和沙子来擦干她的腿。然而在冬天当她大部分时间呆在室内时，没有泥土或沙子可以使用，因此留在她皮肤上的潮湿尿液促进与腐足病有关的细菌生长。腐足病表现为一个黑色的区域，组织非常柔软、腐烂的感觉，很容易脱落。治疗的第

一步是去除任何容易去除的坏死组织，通常是用锉锉削。锉削还可以使药物到达健康组织。然后每只脚在聚维酮碘溶液中浸泡3～4min。用刷子擦洗脚，冲洗并完全干燥。然后每隔一天在患处涂上一层薄薄的凡士林抗菌强化护理霜，另一天间隔使用环烷酸铜代替凡士林抗菌强化护理霜，环烷酸铜有助于干燥腐烂物。总的来说，展区越干燥，大象脚的状况就越好。

总结

足部护理过程的一致性是非常重要的。在梅斯克公园动物园，有经验的饲养员培训新饲养员正确的足部护理过程。饲养员的警惕性对于此项常规工作的成功也非常重要。这种警惕包括预测季节性足部问题。当发现问题时，饲养员必须积极地开始适当的治疗。在这个过程中的任何中断都会对足部的健康产生负面影响。适当的足部护理的另一个非常重要的部分是大象饲养员和兽医工作人员之间的公开交流。这包括愿意尝试新的技术和药物，放弃那些无效的。其他与足部的实际护理和治疗无直接关系的重要因素是活动场的条件、天气和大象的日常饲养。活动场里的基材对足部的状况有很大的影响。如果活动场里又泥泞又潮湿，那么脓肿就会更频繁地发生。石砾的大小不合适会导致趾甲腐烂、石砾挫伤和脚底脓肿等问题。像在深水池中发现的死水，可以引起与粪便相关的肠道细菌导致的角质层区域出现脓肿。多年来，邦尼的脚经历了许多变化，

随着年龄的增长，问题越来越频繁。随着问题的增加，为保持足部健康所需的预防和一般护理的频率也增加了。预防措施，如纠正任何可能导致足部问题的条件，常规足部护理，以及在足部问题发生时立即进行积极治疗，是梅斯克公园动物园保持大象足部健康所需的最关键技术。

延伸阅读

[1] Mikota, S. K., E. L. Sargent, and G.S. Ranglack 1994 *Medical Management of the Elephant.* West Bloomfield, Michigan: Indira Publishing house.

[2] Schmidt, M.1986. Elephants (Proboscidea).In *Zoo and Wild Animal Medicine*, 2d ed.,edited by M.E.Fowler,pp.883-923.Philadelphia:W. B.Saunders Company.

第三部分

常见的大象足部疾病及其治疗

第12章　足部疾病治疗的历史教训

德利蒂·K. 拉希里 – 乔杜里

足部疾病的历史背景

本章关注圈养、工作亚洲象的足部疾病问题。这些亚洲象的足部疾病是由圈养条件引起的管理问题，特别是当它们被关在固定的象棚里时。足部疾病也发生在那些允许在晚上自由采食但被限制活动范围的动物身上。这种情况下大象被迫限制在靠近大象营地的特定区域，因此无法选择季节性觅食。例如在季风季节，它们无法迁移到更干燥、更高的地方。圈养的野生大象可能有外伤，比如趾甲开裂或脚底穿孔，尽管罕见但有些可能有先天性畸形，这很难被称为"疾病"。最早写出关于亚洲象的完整著作的英国作家是Emerson Tennent（1867）。他根据个人观察详细描述了在锡兰（现在的斯里兰卡）捕获的两小群野生大象，但没有提到动物身上的这种疾病。Sanderson（1878）在印度南部和东北部组织了数百头大象的捕获，并负责英国政府在印度达卡（孟加拉国现在的首都）和迈索尔王邦（现在的卡纳卡塔邦）的赫达部，他没有提到新捕获动物的足部疾病是一个严重问题。尽管Sanderson经常看管着150多头驯服的大象，但最让他担心的是鞍疮。

早在1841年Gilchrist就在文献中认识到英国殖民地尤其是卡里和赛扬的象发生的足部疾病。以下是Wilberforce Clarke 1879对Gilchrist的总结：

趾甲里面和下面的部分容易生疮，它的足部变得如此柔软，以至于用手指按压它的足部会让它畏缩。这种病被称为"kandi或kari"，如果溃疡没有向下的出口，会导致趾甲脱落。这是一种棘手的疾病，需要几个月才能治愈。

治疗方法　如果脚趾或足部疼痛，用注射器用力喷射淡蓝色的明矾溶液，直到去除难闻的气味，然后用漂白粉2盎司（1盎司≈30mL）、熟石灰4盎司，将两者混合成膏状，涂抹伤口，伤口必须用棉花封闭以防止污垢侵入。这同样适用于甲沟炎或溃疡。

值得注意的是，对药品的不良反应状态的辨别，甚至是解毒处方药的剂量都按照当地的治疗方案来施行。唯一增加的是用明矾烧灼。排除这一步骤，处理方法是把当地的传统智慧直接翻译成英文，几乎可以肯定是从驯象师那里得来的。这种趋势一直持续到殖民统治的最后日子和自由的曙光到来（Ferrier，1948）。

植物和树木的种子、树皮、叶子和根的药用不仅在象夫的口传中蓬勃发展，而且至今仍在使用。它也保存在用印度本土语言的印制手册中以及古老的拥有大象的家庭所拥有的手稿中。

一份值得特别提及的手稿是Steel（1885）撰写的鲜为人知的细长手册。它是对识别象足部疾病的当地传统的一个特别好的总结。Steel认为"thullee"是一种病，也就是一种真菌感染，通常发生在后脚的边缘、象蹄的边缘。他正确地将这一问题归因于"饲养场的尿液和粪便没有完全清除"，并建议用消毒明矾水洗脚。

Steel认为"kari/kandi"是一种穿透性溃疡，指出，被忽视的"kari"（或者他拼写的"kandi"）会导致类似于马的"化脓性蹄软骨炎"，或者脓液的流出"要么发生在趾甲顶部，要么发生在蹄的边缘"。

Steel还发现了其他足部疾病，包括：

· Sajan：Steel对"sajan"的观察是详细的，他警告说如果忽视它可能会导致足垫缺失。

· 脚后跟开裂：他提到脚后跟开裂是一种足部并发症，并建议除了使用常规药物外，在大象脚底上钉上皮革或穿上靴了。

· 脚底裂纹：他指出在炎热干燥的天气里，大象的脚底表面皲裂，沿着天然的凹槽形成溃疡，这是大象的常见症状。

· 趾甲疾病：Steel还提到，角瘤是一种过度生长的畸形足部趾甲，需要手术治疗。

关于大象足部的护理，Steel最后的结论是："大象足部上的疾病很多，而且很严重，有些疾病可能会使它完全丧失工作能力，这主要是由于对它的管理不够谨慎，所以是可以预防的。"

经验教训：大象足部护理的当今问题

19世纪和当今的兽医期刊上有许多关于足部疾病的论文（如《兽医杂志》《法医》《兽医科学杂志》），借鉴了在亚洲工作和圈养大象的经验。不幸的是它们似乎被当今西方的兽医和管理人员所忽视，尽管他们决心"重新发明轮子"（浪费时间尝试做别人已经成功完成的事）。

Evans（1910）的权威著作至今仍为印度的大象兽医所参考。Evans用了整整一章来讨论足部疾病，并广泛地引用了Steel的著作。对足部疾病的鉴定，如Steel遵循土著传统，规定的治疗方法在很大程度上借鉴了传统知识。在Evans列出的256种用于治疗大象的药物中，133种是当地灌木、植物和树木的叶子、树皮、树干和树根（或水煎）。当提到这一点时，我鼓起了勇气，因为这可能会激励一些人为他们写专利。在印度我们刚刚成功地将楝树从知识产权法的魔爪中拯救出来，一场关于印度香米的斗争正在激烈进行。

在大象的管理和照顾方面，另一个鼎鼎大名是Milroy（1922）。他将对大象足部的各种不良医疗状况的诊断归纳为两大类："kari"和"sajan"。正如我们今天大多数人所理解的那样，这两者之间的主要区别在于，"kari"是一种穿透性疮，而"sajan"是一种表面的真菌感染，如果被忽视，可能会导致"kari"并引起继发感染。

印度的大多数兽医现在用局部抗真菌药物和外用消毒剂治疗"sajan"，同时坚持保持足部干燥。"sajan"主要发生在后脚，这证实了人们的怀疑，即它是由动物站在一个不干净的笼舍里引起的，包括它自己的排泄物。"kari"的治疗方法仍然是刮掉死肉和肉芽，用温和的石碳酸溶液强行冲洗腐蚀的伤口，并涂上抗菌软膏。

传统的"sajan"烧灼剂是水烟（Hookah panee）（Steel，1885）或"泡泡"水。水烟（Hookah）：东方的一种长而有弹性或刚性的烟斗，水烟通过瓶中的水被吸到，管子和碗连接在一起（Steel，1885）。"Punee"当然是水，这种药剂并不奇特，只不过是烟酸和水的稀溶液，也许还有一点焦油和其他有毒物质，从烟雾中扩散到水中。到19世纪初，在印度的英国侨民社区中流行的吸水烟几乎绝迹了。英国人将烧灼剂改为硝酸，再改为稀释石碳酸，至今仍是标准处方。也许水烟水的使用应该再考虑一下。稀释后的烟酸可能比硝酸或石碳酸对健康组织的损害更小。目前，强大的抗菌和消毒药物已经添加到兽医的武器库中，壮观和昂贵的手术仍然是外科医生的特权。

Raj关于工作大象管理的最新著作之

一承认大象的足部疾病是一个严重的问题（Ferrier，1948）。Ferrier的观察是以传统智慧为基础的，"kari"没有被提及，也许是因为它不是缅甸语，但对腐蚀溃疡进行了详细描述。

Sanyal（1892）参考了Wilberforce Clarke（1879）关于大象疾病的笔记，而忽略了大象的足部疾病。即使是Crandal（1964）也对大象的疾病表现出很少的兴趣。Schmidt（1986）指出了这个问题，并指出："大象的足部，无论是在圈养（动物园）还是在劳动营里，都可能是兽医与大象一起工作时所面临的最大的医疗问题"。这是一个事实，即使是在150多年前与亚洲象打交道的西方管理人员和兽医也意识到了这一点。Schmidt（1986）描述了足部的异常医疗状况，并没有真正的突破。Steel、Evans、Milroy和Schmidt之间的比较将是有益的（表12.1）。

Fowler（1993）对板层炎的概念提出疑问，理由是大象的趾甲没有板层；因此，他们不会发生板膜炎。此后他修改了自己的观点（个人交流）。Steel对大象足部趾甲的层状结构进行了很好的描述："趾甲倾斜向下，端骨位于其中一个趾甲内……在这个小骨头的前表面附着敏感的纹层，它位于趾甲的角质纹层之间；它们很像人类的趾甲"。关于足板炎的主要经验也被Steel（1885）巧妙地总结为："它被描述为足底炎，因为它与马的疾病名称相似，但主要的炎症部位是敏感的脚底"。

表12.1 历史和当前延伸阅读中描述的足部问题

Steel（1885）	Evans（1901）	Milroy（1922）	Schmidt（1986）
足部问题			
—	—	—	脚底过度生长
Thulle（sajan的表现形式）	Thullee	—	足部疼痛
足部和趾甲脓肿	蹄叶炎	kari	化脓
跟骨裂痕（sajan）	跟骨裂痕（sajan）	跟骨裂痕（sajan）	跟骨裂痕
脚底皲裂（kari）	脚底皲裂（kari）（脚底脓肿）	脚底皲裂（kari）	—
趾甲问题			
角瘤，过度生长，趾甲扭曲	趾甲周围的疣状生长；趾甲向内生长和过度生长		趾甲皲裂、过度生长、向内生长

最后的想法

象夫、管理人员和负责工作大象的兽医一直敏锐地意识到大象的足部问题，这些问题会使大象不适合工作，这是合乎逻辑的，因为健康的工作动物是他们的"面包"和"黄油"。但是动物园的管理者却迟迟没有意识到这个问题。事实上，管理人员只有在进口野生动物时才意识到这个问题在濒危物种国际贸易公约（CITES）的规定下被禁止。在此禁令之前，购买直接来自市场自己的需求要简单得多，也便宜得多。

然而，问题的关键并不是动物园管理人员对圈养大象足部问题的意识来得太晚，而是这种意识一直在增强，同时也有解决这一问题的强烈愿望。Mikota等（1994）报告说，在研究的189只动物中，有50%的动物发现了足部的医学问题。它们

还指出，目前还没有对大象足部感染中遇到的微生物进行正式研究。

有一个纯粹的技术要点需要提及。"圈养大象"一词通常等同于动物园里的动物。鞍疮是工作大象的一个主要问题，在北美出版的文献中很少被提及。尽管许多文章的标题中都使用了这个术语，但应该指出的是，动物园的动物被描述了。

很长一段时间以来，研究一直被认为是动物园的主要功能之一。我们这些来自世界其他地区的人期望北美的高科技动物园对野生和圈养物种的福利和适当管理提供大量投入。虽然可以理解的是，西方管理者主要关心的是它们所管理的动物，但我认为，更普遍的方法和对物种福利的关注将符合时代精神。

足部异常医疗继续被临床确定。目前仍缺乏实验室分析和检查以确定引起足部疾病的病原体。正如Mikota等（1994）所指

出的，目前还没有对足部感染中遇到的微生物进行正式研究。

　　我们印度人有能力等待解决方案，因为与西方同行不同，我们仍然可以采取简单的方法：从现成的野生捕捞种群中重新放养圈养种群。对于没有野生大象的国家来说，这种简单的选择不再可行；因此，突然有了紧迫感。在这些国家，这种简单的选择仍然可行（尽管，我非常担心，不会持续太久），而且目前还没有紧迫感。让我们面对现实吧，人性在任何地方都是一样的。因此，在该范围内的国家，那些关心的人正在寻找装备精良的动物园来提出解决方案。这既是为了这个物种的利益，也是为了那些选择大象作为生活方式的人的利益。我们可以等，毕竟我们已经等了2500多年了。再过几年又怎么样？

延伸阅读

[1] Crandall, L. S. 1964. *The Management of Wild Animals in Captivity*. Chicago: University of Chicago Press.

[2] Evans, G. F. 1910. *Elephants and Their diseases*. Rangoon, Burma: Superintendent, Government Printing.

[3] Ferrier, A. J. 1948. *Care and Management of Elephants in Burma*. London: Steel Bros.

[4] Fowler, M. E. 1993. Foot Care of Elephants. In *Zoo and Wild Animal Medicine: Current Therapy*, 3d ed., edited by M. E. Fowler, pp. 448453. Philadelphia: W. B. Saunders Company.

[5] Gilchrist, W. 1841. *A Practical Memoir of the history and Treatment of the diseases of the Elephant*. Calcutta, India.

[6] Mikota, S. K., E. L. Sargent, and G. S. Ranglack. 1994. *Medical Management of the Elephant*. West Bloomfield, Michigan: Indira Publishing house.

[7] Milroy, A. J. W. 1922. *A Short Treatise on the Management of Elephants*. Shillong: Government Press.

[8] Sanderson, G. P. 1879. *Thirteen Years Among the Wild Beasts of India*. London: Wm. h. Allen & Co.

[9] Sanyal, R. B. 1892. *A handbook of the Management of Elephants in Captivity*. Calcutta: Bengal Secretariat Press.

[10] Schmidt, M. J. 1993. Elephants. In *Zoo and WildAnimal Medicine: Current Therapy*, 3rd ed., edited by M. E. Fowler, pp. 445448. Philadelphia: W. B. Saunders Company.

[11] Steel, J. h. 1885. *A Manual of the diseases of the Elephant*. Madras, India: Lawrence Asylum Press.

[12] Tennent, J. E. 1867. *The Wild Elephant*. London: Longmans, Green and Co.

[13] Wilberforce Clarke, H. 1879. *Note by Captain H. Wilberforce Clarke. on Elephants*. Madras（Official Note）.

第13章 趾甲裂开、脓肿和表皮积液囊

查利·鲁特科夫斯基，弗雷德·马里昂，雷·霍珀

在长期干旱或湿度过高的情况下，象的足部容易生疮，使得它几个月都不能工作。曾有许多尝试来保护其脚底，但由于它的体重和特殊的着地方式，所有这些努力都没有成功（J.Emerson Tennent爵士，1861年，锡兰自然历史简史）。

引言

当你仔细阅读关于大象的历史和现代文献时，一个不变的发现是大象的足部问题。对于相对较少类型的足部问题，有许多治疗方法。我们讨论两个常见的问题：趾甲开裂、脓肿和类似的病灶；我们也会讨论治疗方法。第三个问题是角质层的积液囊，有些不寻常，介绍我们对这个问题的描述和治疗。

趾甲开裂

趾甲开裂被定义为：从趾甲底部到角质层大致垂直的裂纹，暴露趾甲下面的肉。有一种理论认为，趾甲开裂的原因是趾甲长得太长了。其他的影响因素可能包括：挖掘、踢或肥胖。确定趾甲长度的一般原则是，当动物站在平坦的地面上时，趾甲的前缘不应接触地面。趾甲的边缘可能是圆形的，以帮助适当地分配压力，避免裂开。

人们尝试了许多治疗趾甲开裂的方法。裂纹填满了各种黏合材料，试图将趾甲黏合在一起，防止进一步开裂。丙烯酸贴膏（Johnson and Nestale，1996）和环氧树脂（Rakes，1996）在处理裂开的趾甲方面起了作用。在伤口愈合过程中，用于预防感染的化学制剂包括：环烷酸铜、Metox、Supertox（与丙酮混合的环烷酸铜）、硫酸铜、乙酸锌液体和凝胶、呋喃西林软膏（DMSO）、双氯苯双胍己烷（氯己定）和Wonder Dust，仅举几例。类似于Blasko（1997）所描述的纠正性修剪，似乎最有希望。偶尔裂口的上边缘会朝向角质层，可以切个缺口以防止进一步开裂，尽管我们最近的经验让我们相信这是不必要的。裂口应切割成V形，向下延伸到活组织。首先要确定裂纹应该向趾甲的哪一边生长。用一把锉刀，使这一边的长度比另一边的长度短。每天用双氯苯双胍己烷（氯己定）溶液［每250mL双氯苯双胍己烷（氯己定）兑15L热的、但可耐受的水］泡脚20min，可防止裂口的继发感染。如果裂口已经发展成带血的组织，那么就用Wonder dust处理3～4d，使伤口干燥。随着趾甲的生长，裂纹实际上会向短的一端移

动，直到消除。这可能需要一年或更长时间。

脓肿及类似病灶

虽然脓肿的技术定义是一腔腐烂的渗出物，但我们在这里将其与趾甲或脚底的其他感染病灶归为一类，并将它们统称为脓肿。趾甲的感染也可能意味着趾甲层的破坏。和开裂趾甲一样，治疗方法也多种多样。在切除坏死组织的同时，我们在病灶区域使用了多种药剂。包括：环烷酸铜、Metox、三色染料、松节油-松焦油、乙酸锌、硫酸锌、硅树脂、硝酸银烧灼区域、呋喃西林软膏、二甲基亚砜、Biozidal凝胶和粉末、硅胶、乙醚、乙醚-硝酸银、凡士林、凡士林与铋、苯酚、糖、Wonder dust和Bondo混合，仅举几例。

也尝试过用各种药剂泡脚。这些包括己醇、甲醛、硫酸镁、过氧化氢、普维德姆溶液、呋喃西林、二甲基亚砜和双氯苯双胍己烷（氯己定），每一种都有不同的结果。

我们目前的治疗方法正在产生最有希望的结果。这种治疗包括在不使用麻醉的情况下尽可能多地切除感染部位。这涉及到修剪活组织，并可能导致一些出血。每天将足部浸泡在热的、但可以忍受的稀释双氯苯双胍己烷（氯己定）溶液中至少20min。在随后的每7～10d一次的修剪中，使脓肿周围的区域修剪成斜面。活组织应该接触活组织，不应该有坚硬的边缘对着柔软的活组织，特别是脓肿发生在趾甲上。把脓肿周围的区域削成斜面，可以使渗出物流出，而不是留住渗出物导致脓肿进一步向上进入足部。整个愈合过程可能需要一年或更长时间。

积液囊

由于没有更好的名字，积液囊通常是指在角质层区域和趾甲间形成的液囊。治疗积液囊的方法较多。其原因尚不清楚，也没有任何治疗方法可以完全消除它们。

当积液囊内的压力足以通过触觉或视觉检测到时，就要打开液穴。有时会爆裂，偶尔会充满脓液，但大多数时候是充满透明、无菌的液体，其化学成分与汗液相似。在同一区域似乎每8～12d就会出现一个循环。如果没有被打开，它们会沿着角质层线形成一个巨大的囊。一些人认为这些病灶是由过敏反应引起的。与洗衣皂或含铜或碘的物质接触被认为是罪魁祸首。我们尽可能地消除了这些物质，例如，用漂白剂代替其他消毒剂，用纸巾代替洗过的毛巾，并消除了许多我们用来治疗受感染大象的局部药物。局部类固醇制剂（Halog）也尝试过，但我们没有看到积极的结果。对其中一个受影响的角质层进行了红外线治疗，每天做一次30min的红外线治疗，持续60d。在试验治疗腔道时，与同样受影响的足部相比没有明显的改善。

当打开这些积液囊时，囊的衬里看起来像真菌斑块。有一段时间，治疗包括抗真菌药物、洛曲明散、米可尼唑、西维坦、氯曲唑、真菌素和甲硝唑。其他治疗方法包括环烷酸铜、Metox、三色染料、百里香酚、乙醚、Biozidal粉末和凝胶、Wonder dust、Bondo、Bactoderm、硫酸铜凝胶、乙酸锌凝胶和千层油等。

目前我们认为问题很可能是机械造成的。这些囊可能是由于施加在趾甲上的非自然压力而形成的。一只感染的大象"宠物"是内八字的。它的前足部向内旋转会对趾甲造成异常的压力。后脚积液囊形成可能是由于脚内侧的脚底过度生长导致的。

目前的矫正措施包括打开积液囊，在双氯苯双胍己烷（氯己定）溶液中泡脚，矫正修剪。必须注意不要做激进的修剪，因为突然改变足部的角度可能会引起关节的问题，会导致磨损模式的变化。由于我们不能确定积液囊的原因，也没有找到有效的治疗方法，我们愿意接受任何建议。如果有任何想法或建议，请随时与作者联系。

延伸阅读

[1] Blasko, D.R.1997.Trimming Away a Cracked Toenail. *Journal of the Elephant Managers Association* 8(2):63-64.

[2] Johnson, E., and D.Nestale.1996.Application of Acrylic Nail Patch. *Journal of the Elephant Managers Association* 7(3):37-38.

[3] Rakes, R.1996.Treatment of Splitting Nails. *Journal of the Elephant Managers Association* 7(3):38-38

[4] Tennent, J.E.1861. *Sketches of the Natural History of Ceylon*. London: Longmans, Green and Co.

第14章

保护性接触治疗雄性亚洲象慢性趾甲感染

卡伦·吉布森，约瑟夫·P.弗拉纳根

引言

休斯顿动物园目前管理着1只雄性亚洲象和4只雌性亚洲象，它们处于保护性接触系统中。使用目标训练，没有用象钩。由于没有使用滑槽区，因此要求动物自愿参加训练。像大多数其他机构一样，我们采用常规的方案，偶尔也会处理轻微的足部问题。然而我们的公象出现了很多足部保健问题。

病史

"泰"（Thai）是一头33岁的公象，1980年来到休斯顿动物园。10多年来，他的前脚一直有慢性问题。这些问题包括两个前脚第四根趾甲下的感染。

为了治愈感染，已经尝试了许多药物。有些想法来自我们的兽医，而其他建议来自各种机构，包括马戏团、私人和其他动物园。似乎几乎所有的建议都尝试过了，即使治疗听起来有点奇怪。这不仅包括医疗，还包括改变展区基材，并在"泰"的象舍地板上添加木屑，以吸收多余的物质，帮助他保持脚干燥。要是有什么能解决"泰"的问题就好了。

在动物园使用保护性接触训练之前，

"泰"一直被维持在一个无接触的系统中。直到1992年，他的脚都是通过象舍门上的一个大洞来治疗的。由于人手短缺和其他各种各样的事项，它的趾甲被随机地处理了。实际的足部修整是困难和危险的，取决于"泰"的情绪和行为，以及工作人员的技能和可用性。

1992年夏天修建了一道训练墙。"泰"很容易就能把脚从墙上的开口伸过去。这使得足部护理更安全，因此修剪和药物治疗感染更具可行性。除了常规的步骤外，还尝试了许多不同的修剪技术来切除感染组织。有时，修剪得很深，引起"泰"的痛苦。有时会使用镇痛剂，但大多数情况下，在修剪时不使用镇静剂或镇痛剂，这取决于他的合作。"泰"因忍受疼痛而得到了桥接和奖励，因此，即使在他把脚移开后，他也会回来做更多的修剪。

仅仅修剪这个区域并不能达到预期的效果，所以"泰"也接受了泡脚的训练。这个行为开始于让它把脚从脚孔伸进一个黑色的橡胶桶里，这个橡胶桶放在一个大象搁脚凳的上面。黑色的桶放在训练墙的饲养员一侧，这样它就不会试图用它来充实自己。他的脚每天用硫酸镁或双氯苯双胍己烷（氯己定）和水浸泡1～2次，每次10min。他似乎很享受这些足浴，很少如果有的话，他试图把设备从脚洞拉到活动场里。

1996年大象展区进行了翻新，包括建造训练场地，这使得泡脚更容易。现在我们可以把黑色橡胶桶和它一起放在一个小活动场里。在这个时候安装了一个热水器，为泡脚提供热水。

因为它已经熟悉了在老墙边训练的橡胶桶，没过多久我们就让它把两只脚放进橡胶桶里，很快就形成了例行公事。首先在脚孔处冲洗脚，然后被一名驯兽师靠在一堵垂直的墙上，另一名饲养员将第一个桶推到墙下。听到"桶"的命令后，它就会后退，把左脚放进桶里。当第二次发出"桶"的命令时，它几乎以同样的方式把右脚放在第二个桶里。泡完脚后，把象带到前面，转过身来，让我们把两个桶都拿回来。一开始，我们遇到了一个大问题，"泰"似乎非常喜欢这个动作，很长时间后才把桶还给我们。

为弄清楚感染的程度以及治疗是否有效，它还必须对脚的X线摄影进行脱敏。这个过程是用一个小机器在第一面墙上使用了 次，用一个大得多的机器在新训练墙上使用了几次。

对于第一次X线摄影，将不透明的放射性染料注射到"泰"脚的洞中，以便识别腔道。用X线来确定感染组织的深度，并特别观察是否有骨头被感染。

"泰"接受了这个操作的训练，首先教它把腿伸过脚孔，然后把脚放在一个定制的搁脚凳上。搁脚凳的设计使他的脚可以以角度休息，这对它来说是舒适的，同时允许我们所有必要的角度来进行X线诊断。一旦它适应了将双脚平放在搁脚凳上，用一张旧的X光片训练它以保持稳定，而感光板放在脚周围的不同位置。训练的最后一步是把机器移到"泰"的视野中，同时把脚放在适当的位置。机器被移得更近了，直到它处于操作所需的位置。"泰"习惯了和很多人一起工作，但有必要对不熟悉的员工进行脱敏培训，并在日常工作中增加不熟悉的情况。通过有保护的接触训练和各种医疗过程的脱敏治疗，如修剪、泡脚和X线片，我们无法治愈他的趾甲感染，但我们已经能够在一定程度上控制这些问题。这些病的治疗并没有因为"泰"不愿意合作而受到限制，而是因为没有找到饲养和医疗的正确结合而受到阻碍。

第15章 亚洲象趾甲重建的过程和治疗

艾伦·塞顿

引言

现代大象管理的最大挑战之一是保持大象足部的健康。趾甲裂纹的确切原因尚不清楚，可能包括营养、遗传、环境和/或创伤因素。我们目前所知道的关于脚趾甲裂纹的病因还不足以预防。交流成功治疗和不成功治疗的信息对整个圈养象群的健康至关重要。

下面的案例研究描述了为了稳定和修复埃尔帕索动物园的一只雌性亚洲象莫娜（Mona）的趾甲开裂而使用的一系列操作。莫娜大约在1953年出生在野外。它已经在同一个动物园连续饲养了大约42年。1989—1996年间，它的足部问题恶化，这可能是与衰老有关的变性。直到1992年左右，没有固定的常规脚护理过程。当时的工作人员对大象的基本饲养知识和经验都很有限。进行的有限的足部操作更多的是纠正而不是预防。即使在足部护理有限的情况下，直到1990年莫娜的趾甲裂开的情况相对较少。1992年，大象工作人员实施了定期修剪大象脚的计划。从那以后，每只脚（包括足垫和趾甲）都按照轮换的时间表进行修剪，每周修剪一只脚。每只脚每天都要检查，当发现小问题时立即予以纠正。

即使有了固定的保养计划，莫娜的趾甲还是会出现周期性的裂纹。动物园的兽医工作人员建议改变它的饮食可能有助于纠正它的趾甲问题。在莫娜的成长期、青少年时期和成年后的大部分时间里，它的日常饮食包括含有16%蛋白质的"甜饲料"谷物、苜蓿、梯牧草混合物，以及至少13.6kg的水果和蔬菜。1993年逐渐将饲料从甜饲料改为马祖瑞象补充剂，它的青草/干草的总体结构在主观上得到了改善。它的饮食中完全没有苜蓿干草，只喂梯牧草或雀麦干草。兽医于1993年添加了生物素（马祖瑞生物素补充片，编号9261，美国密苏里州圣路易斯普瑞纳米尔斯公司），但截至1994年，它的脚趾甲总体状况没有显著变化。1994年，维生素E（马祖瑞大象维生素E补充片，编号5M90，普瑞纳米尔斯公司）也被添加到饮食中，希望它能增强它的趾甲。由于没有进行血清维生素E或生物素分析，我们无法评估这些化合物的血液水平。然而，动物足部的外观显示有限的改善。1994年，面包和碎玉米也添加到它的饮食中，作为补充食物。这种渐进式的饮食改变和日常的步行练习有助于减少龟裂，然而并没有完全防止再次发生。

病史

1993年底，莫娜在左前侧的第三趾趾甲远端出现了严重的裂纹。工作人员无法阻止裂纹继续。每次它把重量放在脚上，裂纹就会进一步扩大，最终穿透角质层。

了解趾甲裂纹的进展需要对大象的运动有基本的了解。走路时，由于每只脚都有重量，脚底就会膨胀，起到减震器的作用。脚底和脚趾随着重量的增加而伸展，随着脚的抬起而弹性地收缩。这种反复的膨胀和收缩，特别是在填充物表面或水泥上，使现有的裂纹变宽并向角质层延伸。像莫娜这样大小的大象，重约4000kg，足底直径40cm，压力以kg/cm²表示。可以近似计算。面积公式 πr^2，半径r等于20cm，得到 $3.14 \times (20)^2 = 1256cm^2$。并且当行走时，该区域总重量的一半（至少）是 $2000/1256 = 1.59kg/cm^2$。即使没有额外的运动力，这种压力也肯定会通过伸展脚来吸收或分配，并且每一步都将裂纹拉开。

大象工作人员试图通过实施几种修脚技术来解决裂纹问题。第一种方法是将趾甲的远端面部分削斜。用一把锉刀把趾甲的底部削成20°~30°的斜角。通过有效地缩短趾甲、并允许脚底或足垫生长，开裂的趾甲不承受任何直接重量。这个过程并没有阻止裂纹的扩大；第二种方法是尝试使用标准的蹄刀从趾甲表面完全去除裂纹。然而经过进一步的研究，这种方法是不可行的。裂纹已经延伸到软组织中，如果将其移除，会对潜在的趾甲结构造成较

大的损害。由于裂纹太深无法完全消除；第三种方法是在垂直于裂纹的趾甲表面刻槽，在裂纹延伸到角质层区域之前，用一把锉刀在裂纹顶部切割出约0.5cm深、2cm长的水平凹槽。然而裂纹已经太严重了，这种技术无法起作用，它无法弥补大象体重所带来的膨胀压力。我们无法阻止开裂继续进入角质层。

当这些不同的治疗完成时，趾甲继续变弱和变宽。趾甲底部有一个直径1cm宽的三角形裂纹，从趾甲底部开始延伸到角质层。没有感染的证据，尽管兽医和大象工作人员越来越担心潜在的深度感染。如不立即纠正这个问题，一个更严重的问题就会发展起来。由于以前的矫正手术都不成功，因此进一步的研究是为了找到一种有效的方法来阻止开裂的进展。建议在裂纹上放置黏合材料。支撑开裂的趾甲以及防止动物的体重使裂纹扩大，需要理想的材料。大多数可用的产品要么对动物有潜在的毒性，要么会在干燥时侵入软组织。我们认为快干型玻璃纤维（聚酯纤维）编织垫是我们的最佳选择。它干燥后无毒，初始黏合只需要5min的干燥时间，大约45min达到最大强度。这种环氧树脂会产生放热反应，在固化过程中会产生少量的热量，但莫娜没有表现出对热量的厌恶。所使用的化合物是环氧树脂（美国马萨诸塞州Devcon公司生产），一种快速固化的通用黏合剂/包封剂。在几分钟内它就会形成一种透明的、刚性的黏合剂或涂层。玻璃纤维（聚酯）编织垫或布与环氧树脂结合使

用，可以最大限度地提高抗拉强度。玻璃纤维还可以最大限度地减少环氧树脂单独使用时的断裂可能性。

材料 完成该工艺需要以下设备：

1. Dremel电动工具（美国威斯康星州拉辛市）；它可以在大多数玩具店购买）或其他手持式变速钻。

2. 玻璃纤维编织（聚酯）布。

3. 牙科钻头（球形，2mm或0.2cm）。

4.（蹄铁匠用在马身上的那种）木锉。

5. 标准马蹄刀。

6. 象脚站立。

7. 70%异丙醇（用于清洗趾甲的表面）。

8. 环氧树脂。

9. 一次性搅拌容器（塑料杯或咖啡罐）。

10. 涂抹和应用工具（例如，木制压舌器，用于混合并将环氧树脂涂在趾甲表面）。

应用过程

1. 将有裂纹的脚放在支架上。这样可以很容易地到达问题区域，并有助于保持脚趾甲区域的清洁，远离杂物。

重要提示：在环氧树脂完全干燥之前（30～45min），大象不能承受任何正在修复的脚的重量。

2. 从趾甲和裂开的地方去除坏死或受损的组织。

3. 彻底清洗趾甲区域，并用硬毛刷清除所有碎屑。

4. 趾甲面下部呈斜角，使趾甲不能支撑动物的体重。

5. 用酒精清洁区域以去除任何油脂，并使其完全干燥。

6. 为增强环氧树脂的附着力，用锉刀把趾甲的整个表面磨粗。

7. 使用dremel工具和直径0.2cm的牙钻头在趾甲的整个表面钻出浅槽，约0.5cm深，1cm长。通过使用这种类型的钻头，可以在趾甲表面形成小的隧道和凹槽，以帮助环氧树脂黏附。凹槽不能延伸到引起出血的深度。环氧树脂可能会起皱，过度的深度也可能会削弱趾甲。

8. 将玻璃纤维（聚酯）布料切割成大约2cm×4cm的矩形。6～8件就够了。

9. 将环氧树脂放入一次性容器中，按以下步骤混合。使用方法及树脂与催化剂的比例为1∶1。

10. 在整个趾甲和裂开的地方涂上一层薄薄的环氧树脂。在裂纹和趾甲上铺上一层玻璃纤维（聚酯）布。一旦第一层涂抹完成，继续交替涂环氧树脂和玻璃纤维（聚酯）布，直到整个裂纹和大部分趾甲被覆盖。为了增强强度，玻璃纤维必须重叠。在每一层布或垫涂完之后用足够的环氧树脂覆盖它，使纤维饱和，直到它们失去白色、看起来透明。只有这样才能添加下一层织物和树脂。重复这个过程，直到裂纹被很好地弥合，趾甲的表面被覆盖。

11. 在环氧树脂硬化到感觉干燥和凉爽后（大约15min），刮掉或剪掉趾甲周围多余的布。

12. 功能固化温度约为24℃。在较冷的天气里，吹风机可以用来帮助吹干。

这种方法最为成功，成本效益也最高。1oz的环氧树脂的成本为3～5美元，一个容器可用于两种应用。这取决于脚趾甲分裂的严重程度和进展程度。

康复　这个病例的愈合过程如下：在趾甲长出来的头几个月里，它并没有继续开裂。完全解决需要几个月的时间。随着趾甲的生长和贴膏的松动，修补过程重复了几次。当趾甲向下生长时，环氧树脂贴膏随趾甲移动。趾甲的远端面部分必须用锉刀连续地削斜。为了最大限度地减少施加在贴膏上的力，并确保趾甲不承受动物的任何体重，要将趾甲斜切，并将与趾甲一起移动的环氧树脂贴膏的远端部分去除。部分贴膏会从趾甲上分离出来，出现这种情况时，应将其从趾甲表面移除，否则，大象更有可能自己移除贴膏，或者当边缘被物体勾住时，贴膏可能会丢失。我们发现替换整个贴膏比移除一小部分更有效。通过简单的用锉刀锉、研磨或切割原有的贴膏以移除之。为了确保新贴膏的最大附着力，需要重新修补。一个贴膏最多可以持续3周，除非动物将其移除。Mona的趾甲有严重的裂纹，环氧树脂修补过程使趾甲没有分离，裂纹在4～6个月的时间里完全消失了。

结论

我们特别推荐对严重的甲裂患者进行此手术。该环氧产品价格低廉，应用过程简单。这个案例非常成功。

产品信息

速干型环氧树脂特性

- 5分钟固定时间。
- 100%反应性，无溶剂。
- 良好的介电强度。
- 耐溶剂性好。
- 黏合金属，织物，陶瓷，玻璃，木材和混凝土（组合）。
- 快速固化，用于快速金属对金属黏合和修复。
- 罐装和封装电子元件和组件。
- 密封防止灰尘、污垢和污染。
- 快速固化，薄套，40℉以上黏结。

产品数据

- 物理性质（未固化）。
- 颜色：透明。
- 混合体积比：1：1。
- 混合黏度：8000～10 000cps。
- 工作时间（28g，75℉）：4min。
- 功能性固化（75℉）：45min。
- 覆盖范围（基于25mL）：152in²，0.10in厚。
- 比容：23.7in/lb固体。
- 体积百分比：100。

性能特点（75℉，7d固化）

- 黏合剂拉伸剪切，ASTMD（涂料贮存稳定性试验方法）1002：1400psi。
- 工作温度：干燥情况下-40℉～200℉
- 固化密度：ASTMD792：1.10gm/cm³。
- 固化硬度：ASTMD2240：85D。
- 介电强度：ASTMD149：490V/mile。

耐化学性（室温固化7d，75℉浸泡30d）

- ·煤油：非常好。
- ·甲醇：不合格。
- ·3%盐酸：很好。
- ·甲苯：很好。
- ·氯化溶剂：不合格。
- ·氨：很好。
- ·10%硫酸：很好。
- ·10%氢氧化钠：很好。

致谢

特别感谢Mark Lloyd，D.V.M对这个项目的帮助。

延伸阅读

Fowler, M. E.1993.Footcare in Elephants. In *Zoo and Wild Animal Medicine*: *Current Therapy*, 3d ed., edited by M.E.Fowler, pp.448-453.Philadelphia: W.B.Saunders Company.

第16章

圈养大象的趾甲 / 足部脓肿、趾甲裂纹和脚底脓肿的发生和治疗

加里·韦斯特

引言

超过50%的圈养大象在其一生中会患上某种与足部有关的疾病（Fowler，1998），在一项研究中50%的圈养大象患有足部疾病（Mikota等，1994）。在美国与足部有关的疾病和关节炎是导致圈养大象安乐死的主要原因。在一项调查中，3.7%的大象患有慢性足部感染，其中7只被安乐死（Mikota等，1994）。

大象足部的趾甲是一种不承重的结构，出现脓肿和裂纹等与趾甲磨损、活动不足或圈养环境中缺乏适当的足部护理直接相关。创伤，如石砾挫伤或穿透性损伤，也可能导致裂纹或脓肿。到目前为止，严重的足部相关疾病最常见于前脚，这可能是由于前脚上的负重较大，大约占大象体重的60%。

足部问题也存在于野生种群中，发生在亚洲工作的森林象中。但森林象得到了充分的锻炼，这有助于通过磨损足部结构来保持健康。足部问题通常是由于缺少象夫的适当维护（V. Krishnamurthy，个人交流）。

早期诊断和治疗对于患有足部疾病的大象至关重要，以防止病情的扩散和恶化。治疗和饲养方式的改变对于阻止足部疾病的发展至关重要，如果及时进行，可以逆转疾病进程。

在本章中比较马戏团大象和动物园大象足部问题的发生和治疗，以确定增加活动水平是否会减少圈养大象的足部问题。增加活动水平与减少足部和关节问题直接相关。我和动物园、马戏团的大象都打过交道，但很难看出两组大象在足部疾病的发病率上有什么显著差异。我和更多的马戏团大象一起工作过，动物园和马戏团的大象都有足部相关疾病，但根据我的经验，这两组大象的发病率都低于公布的所有圈养大象50%的发病率。趾甲和足部脓肿是最常见的情况。根据我的经验，足部脓肿的发生率在两组中似乎相似。我合作过的马戏团和动物园的工作人员都有很好的保养计划，大大减少了足部问题的发生率。好的大象管理人员对于照料圈养的象脚至关重要。我用过自由接触系统和保护性接触系统，这两种系统都允许饲养员维护大象的足部。

大象足部疾病的病因学涉及许多因素和易感条件。根据我的经验，我把它们按重要性排序。

大象足部疾病的病因学

活动 活动可以让大象正常地磨损足部的结构。在野外大象每天要移动或步行18h来寻找食物和水。虽然圈养的大象可能有很大的围栏，但它们不需要、有时它们不能或通常不愿四处走动，这导致了足部疾病和关节炎的发展，在大多数圈养的情况下，必须鼓励大象运动。

保养 预防性修剪用于发现任何发展中的问题，并将过度生长保持在最低限度。如果大象被鼓励或强迫运动，那么就会减少预防性修剪，因为这会自然地磨损足垫。应该每天检查足部。任何过度生长或坏死的组织都应切除。

先前疾病或其他状况 患有关节炎的大象更容易患上足部疾病。这是由于体重分布不均和缺乏机动性。超重的大象通常会出现足部问题。结构异常也有助于足部发病（例如内八字）。

基材材料 大多数象棚和活动场里坚硬的地面也会导致足部疾病。这可能是由于足部结构的创伤，关节炎的发展以及缺乏可以用足部挖掘的区域，挖掘是野生大象的正常行为。此外，长期潮湿或肮脏的基材可以促进增殖的病原体侵入大象的足部，通常是在某种创伤之后（例如石砾擦伤）。

年龄 年龄较大的大象经常出现足部问题，可能是由于疾病，如关节炎及活动水平降低。

营养 在北美圈养的大象中，缺乏良好的营养并不是一个真正的问题。然而，过度喂养和缺乏锻炼导致许多圈养大象超重，这对关节和足部造成不正常的压力。

趾甲感染/脓肿及足部脓肿

根据我的经验，趾甲感染是最常见的象足部疾病，如果不及时治疗，极有可能导致严重的后遗症，如骨髓瘤。通常趾甲感染是与大象圈养环境有关的各种问题的症状。

以上因素均可导致象足部趾甲感染和脓肿的发生。趾甲感染和脓肿的确切病因尚不清楚。趾甲上可能有某种细微创伤使细菌侵入并对趾甲组织产生坏死作用。通常在趾甲的承重面会发现黑色的腔道。腔道可扩散到角质层，可见渗出物从趾甲的角质层交界处渗出。如果发现得早，这些腔道可以修剪以显示健康的组织。在治疗中避开血管组织，将腔道暴露在空气中。修剪时出血通常不是主要问题。通常使用收敛剂，如龙胆紫、亮绿或二氨基吖啶的组合，伤口很快就会愈合。环烷酸铜（Kopertox，美国艾奥瓦州道奇堡实验室生产）也已成功用于这些病灶。

如果不及早发现和治疗，足部感染会变得相当广泛，需要更长的愈合和治疗时间。它们可以延伸到趾甲基板和真皮层。如果感染是长期的，一些白色的肉质组织通常出现在趾甲或足部的感染区域。

多处脓肿可发生在同一只脚上，并可累及数根趾甲。这些都是具有挑战性的，需要很长时间来治疗，因为组织生长缓慢，必须避免对血管化组织的过度创伤。矫正修剪有时需要数月或数年时间。坏死组织清创应配合运动和用双氯苯双胍己烷（氯己定）（道奇堡实验室生产）和热水溶液泡脚。在其他国家，蔗糖常用于人体内受感染的组织（Fowler，个人传播）。这种糖似乎对组织有渗透作用，导致细菌裂解并从病灶处吸收水分。我个人将这种治疗方法与修剪、浸泡和锻炼相结合，并取得了良好的效果。

对于相关足部结构的广泛肿胀或蜂窝织炎，全身抗生素有时与抗炎药物联合使用。这些脓肿和感染必须积极治疗，否则会扩展到脚趾的骨板，然后扩散到骨膜，进一步导致骨髓炎，可能需要手术。所有涉及足部的严重感染都应进行X线检查，特别是涉及趾甲的感染。远端趾骨与趾甲密切相关，大多数情况下，在开始治疗前必须排除骨髓炎。

骨髓炎通常通过手术干预治疗，但这可能并不总是必要的。术前应考虑几个因素：首先，如果可以通过其他治疗和管理措施阻止感染的传播，可能不需要立即进行手术；此外还需要考虑动物的年龄、健康状况和对术后治疗的耐受性。患有晚期关节炎的老年象可能很难康复。而对于进行性骨髓炎，手术治疗是必要的，并取得了成功（Gage，1998；Cooper等，1998）。偶尔骨断裂的进展会自发停止，用X线摄影监测足部可以证明这一点（Sorensen，1998）。如果只涉及第三趾趾骨，可以尝试非手术治疗，并对足部进行放射监测

（Boardman等，1998）。

案例研究　以下是大象足部脓肿的病例。病例1感染主要涉及前脚的趾甲。这是圈养大象最常见的情况；病例2为趾间脓肿形成，处理方法不同。

病例1　该病例涉及一头40岁的亚洲象，前脚和趾甲有多处脓肿。有几个因素使大象易患足部疾病，包括：1）对侧前肢关节炎导致这只脚的负重增加；2）相对不活动；3）饲养在坚硬的基材上。

在2年时间里，切除坏死组织和保持伤口卫生有助于减轻细菌感染，并使得新组织生长以取代坏死和修剪的组织。修剪与温水和氯己定浸泡结合使用。此外还为这头大象制订了锻炼计划。它每天散步，距离逐渐增加，直到大象每天走大约1mile（A. Roocroft，个人通信）。增加的运动使动物增加了关节的灵活性，增加了肌肉张力，并获得更好的身体状况。像这样的病灶，需要通过慢慢的修剪和斜切坏死组织，让脓肿推出并从内部愈合。此病例是在圈养大象中看到的最常见的足部疾病。如果及早治疗，病例通常不会变得如此严重。

病例2　33岁亚洲象指间脓肿形成。它超重了，而且两条前肢都有关节炎，即使它可以进入一个大活动场白天也不怎么走动。趾甲之间缺乏空间也有助于感染，因为感染区域引流不畅。大的、肉质的、白色的赘生物经常在第二、第三趾或第三、四趾之间的趾间突出（图16.1、图16.2）。这些病灶似乎会因潮湿的环境而恶化。

为了帮助确定这些组织的病因，对它

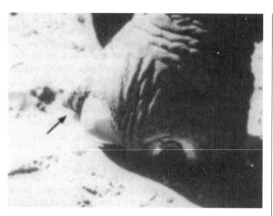

图16.1　趾间脓肿

图16.2　第四趾趾间脓肿消失

们进行活检。周围组织注射2%的利多卡因，然后手术切除一部分组织。病灶部分置于福尔马林中，另一部分置于培养基中进行好氧和厌氧培养。组织病理学诊断为明显的、局部广泛的慢性化脓性嗜酸性全身性炎症和皮炎伴瘘管，未发现肿瘤或感染性病原体。病理学家认为预后良好，治疗包括刮除术和抗生素治疗。抗酸和真菌染色未发现任何病原体，同时发现奇异变形杆菌、肠杆菌和拟杆菌。这些微生物对大象常用的许多抗生素显示出耐药性，包括阿莫西林、氨苄西林、头孢氨苄、新霉素、四环素、阿米卡星和甲氧苄嘧啶。

与这些足部疾病灶相关的远端肢体肿胀和蜂窝织炎需要全身抗生素治疗。首先肠道外给了头孢噻呋，甲硝唑作为栓剂给药（Gulland和Carwardine，1987）。没有看到任何改善，所以按代谢比例的剂量给予氟苯尼考（美国新泽西州先灵葆雅公司生产），以牛的推荐剂量20mg/kg体重为基础，这似乎有助于减少肿胀和相关的蜂窝织炎。

其他治疗包括修剪相邻脚趾之间的空间。腹侧也进行了修剪以使脓肿向这个方向长出。泡脚也有助于消除感染、软化组织，以便修剪。为了帮助康复，运动逐渐增加。目前我们正在继续使用这些不同的治疗方法，并正在考虑冷冻手术，这已经成功地用于类似的病灶（Sorensen，1998）。我们也在考虑使用二氧化碳激光对趾间病灶进行清创，以增加相邻趾之间的空间和引流。对于像这样的足部脓肿，超声波也可以用来可视化感染过程的程度并监测愈合情况（O'Sulliman和Junge，1998）。

趾甲裂纹

趾甲裂纹可能是由于趾甲过度生长，趾甲外伤，或长期暴露于坚硬或潮湿的基材（图16.3）。趾甲的裂纹是不稳定的，在大象的巨大重量下会扩大，这在后脚上很常见，通常不会发展成严重的问题。处理趾甲裂纹的关键是修剪或打磨趾甲，使紧挨着裂纹的承重区域最小化。应修剪和探查裂纹，以确保没有坏死组织，坏死组织可以作为脓肿形成的病灶。一种有效的技术是修整裂纹较小的一面，使其不承受重量（Blasko，1997）。为了减轻重量，裂纹的这一面需要每14～30d用马蹄刀打磨和修整一次。在几个月的时间里，裂纹会向那个方向长出来。

　　不完全裂纹上方的指甲上的水平凹口似乎不能有效地阻止指甲裂纹的扩展。虽然我没有使用过丙烯酸和环氧树脂贴膏，但它们似乎对治疗大面积趾甲裂纹很有效（Mcconnell，1996；Rakes，1996）。然而在用贴膏之前必须清除所有坏死组织和其他杂物。

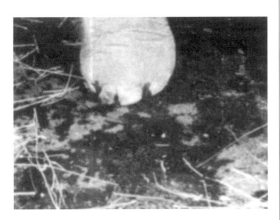

图16.3　严重的趾甲裂纹

脚底脓肿

　　脚底脓肿、侵蚀以及脚底与其真皮组织的分离是一种难以治疗的疾病。幸运的是这种情况并不常见。病因通常是基于穿透性损伤或创伤。感染过程可从趾或其他软组织结构延伸而来。治疗是一个漫长而渐进的过程，因为脚底上皮愈合缓慢（1年或更长时间）。损坏的足底必须逐渐修剪

掉，靴子或凉鞋可能有助于保护脚底下的柔软组织。

　　足部必须保持清洁和干燥。可以使用局部消毒剂，但必须谨慎使用局部药物，因为有些药物可能会抑制表皮再生并延迟表皮愈合。此外，这些药物可能不会附着在皮下真皮上。硫酸铜可能有助于硬化组织（Schmidt，1986）。稀释足浴通常与全身抗生素一起使用，以防止暴露的真皮和角质感染。足浴液可能含有多种消毒剂，如基于碘的溶液（必妥碘，美国威斯康星州Purdue-Fredrick公司生产）或双氯苯双胍己烷（氯己定）。局部用药如胰酶喷雾剂（胰酶喷雾剂，美国亚利桑那州兽医产品实验室生产），也可以帮助清理坏死组织促进脚底愈合。

　　壳聚糖已被用于治疗非洲象严重的脚底脓肿，并配合凉鞋作为保护套（Houser等，1998）。修剪坏死组织和全身使用抗生素。每天用自来水清洗脚，然后用生理盐水冲洗，再涂上壳聚糖溶液，最后将凉鞋固定在脚上，这可能是一种很有希望的治疗方法，通过防止细菌感染和允许脚底上皮化来破坏脚底脓肿。根据经验，与用其他药物治疗脱落的脚底组织相比，壳聚糖加速了愈合。请记住，大面积的脚底上皮愈合是缓慢的，需要长期和强化治疗。

总结

　　圈养大象足部出现问题的原因很少是单一的，除非足部有外伤或损伤，否则大象足部疾病有多种病因。增加活动和锻炼

对所有圈养大象都是有益的;然而，大多数动物没有动力在它们的围栏里锻炼。

象足部护理和保养的一般准则包括：

1. 四只脚都应该每天检查，修剪去除任何多余的生长或坏死组织（通常用马蹄刀），并检查脚底的石砾或其他异物。黑色腔道应修剪成健康的白色组织，避开血管结构。

2. 观察运动中的大象以发现跛行，这可能表示关节退行性疾病的发作、足部异物、深层结构感染或足部受伤。

3. 在大象身上使用抗炎或抗生素的指南很少。适当时，使用经验推导或代谢比例剂量。

延伸阅读

[1] Blasko, d. R. 1997. Trimmg Away a Cracked Toenail. *Journal of the Elephant Managers Association* 8(2):6344.

[2] Boardman, W. S. J., R. Jakob-hoff, S. huntress, M. Lynch, C. Monaghan, and A. Reiss. 1998. The Medical and Surgical Management of Foot Abscesses in Captive Asiatic Elephants. In *Proceedings of the First North American Conference on Elephant Foot Care and Pathology*, edited by B. Csuti, pp. 5 U 2 . Portland, Oregon: Metro.

[3] Cooper, R. M., V. honeyman, and d. A. French. 1998. Surgical Management of a Chronic Infection Involving the Phalange of an Asian Elephant (Elephas maximus). In Proceedings of the First North American Conference on Elephant Foot Care and Pathology, edited by B. Csuti, pp. 69-70. Portland, Oregon: Metro.

[4] Fowler, M. E. 1998. An Overview of Foot Conditions in Asian and African Elephants. In *Proceedings of the First North American Conference on Elephant Foot Care and Pathology*, edited by B. Csuti, pp. 1-6. Portland, Oregon: Metro.

[5] Gage, L. J. 1998. Radiographic Techniques for the Elephant Foot and Carpus. In *Zoo and Wild Animal Medicine: Current Therapy*, 4th ed., edited by M. E. Fowler and R. E. Miller, pp. 517-520. Philadelphia: W. B. Saunders Company.

[6] Gulland, F. M., and P. C. Carwardine. 1987. Plasma Metronidazole Levels in an Indian Elephant (Elephas maximus) after Rectal Admistration. Veterinary Record 120:440.

[7] Houser, d., L. G. Simmons, and d. L. Armstrong. 1998. The Successful Recovery of the Abscessed Foot Pad of an African Elephant (Loxodontu ufricana), with Particular Attention Given to no Treatments Elements: The Use of a Sandal and Topically Applied Chitosan. *In Proceedings of the First North American Conference on Elephant Foot Care and Pathology*, edited by B. Csuti, pp. 28-39. Portland, Oregon: Metro.

[8] McConnel, M. B. 1996. Nail Update and Supplemental Method for Nail Crack Repair. *Journal of the Elephant Managers Association* 7(3):37-38.

[9] Mikota, S. K., E. L. Sargent, and G. S. Ranglack. 1994. *Medical Management of the Elephant.* West Bloomfield, Michigan: Indira Publishing house.

[10] O'Sullivan, T. J., and R. E. Junge. 1998. The Use of Sonography in the Follow-up Care of a Foot Abscess in a Female Asian Elephant (Elephas mimus). In *Pmceedings of the First North American Conference on Elephant Foot Care and Pathology*, edited by B. Csuti, pp. 48-49. Pottland, Oregon: Metro.

[11] Rakes, R. 1996. Treatment of Splitting Nails. *Journal of the Elephant Managers Association* 7(3):38-39.

[12] Schmidt, M. 1986. Elephants (Proboscidea). In *Zoo and Wild Animal Medicine*, 2d ed., edited by M. E. Fowler, pp. 883-923. Philadelphia: W. B. Saunders Company.

[13] Sorensen, D. 1998. A history of Elephant Foot Care at the Milwaukee County Zoo. In *Proceedings of the First North American Conference on Elephant Foot Care and Pathology*, edited by B. Csuti, pp. 17-21. Portland, Oregon: Metro.

第 17 章　希瑞（Siri）的困境：慢性足部问题的管理

史蒂夫·斯塔尔，查克·多伊尔

图17.1～图17.14展现了Siri接受足部治疗的过程。

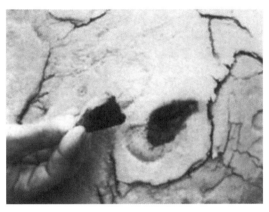

图17.1　雌性亚洲象Siri踩到一块锋利的石砾，这块石砾嵌在它的左前脚上（1985.09.02）

图17.2　在受伤当天，需要进行初步修剪以评估损伤程度（1985.09.02）

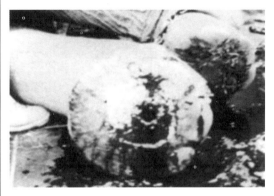

图17.3　在接下来的几个星期里，脚的情况有所好转。手术切除坏死组织并评估感染程度。手术区域直径3in，距足垫4in（1985.09.26）

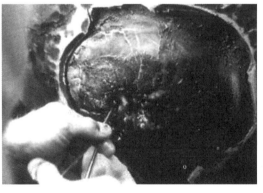

图17.4　手术后，伤口用浸有必妥碘、二甲基亚砜、呋喃西林和甲醛的纱布包扎起来，手术以防异物进入伤口区域并引起感染（1985.10.02）

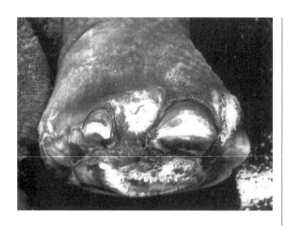

图17.5 尽管采取了额外的措施来防止感染，比如热硫酸镁浸泡和注射青霉素，但不到1周脚就开始肿胀，脚趾之间出现脓肿（1985.10.20）

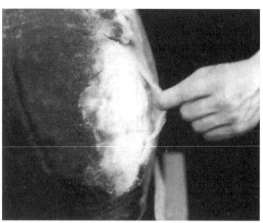

图17.8 由于伤口愈合过程中被困在伤口内部的水分，足垫无法正确地附着在结缔组织上，从而脱落

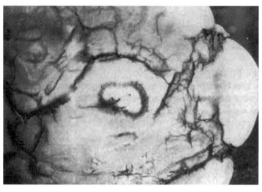

图17.6 手术1年后，足垫似乎正在愈合，仍有腹侧引流孔存在，但脓肿仍不能很好地引流（图17.9）

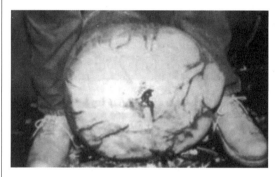

图17.9 足垫被修剪成一个倒置的盘子形状，以允许适当的腹侧引流。然后清洗该区域，并用环烷酸铜每天治疗4次（1987.05.15）

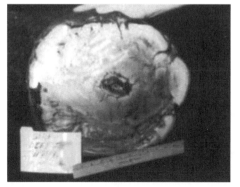

图17.7 修剪足垫后，发现伤口只是表面愈合（1986.11.17）

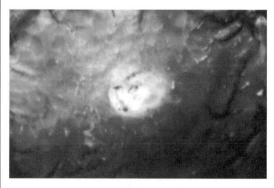

图17.10 旧病灶区仍柔软压痛。经过适当的修剪，伤口从内到外愈合了（1988.03.07）

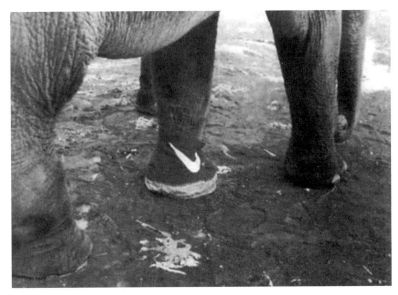

图17.11　防护靴的设计是为了防止水分和异物进入伤口。这只靴子让Siri
在它的足部康复期间保持正常的锻炼（1989.01.03）

图17.12　Siri希瑞穿着新靴子

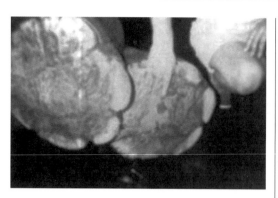

图17.13 最后继续环烷酸铜治疗，使用靴子并保持腹侧引流道开放，脚正常愈合

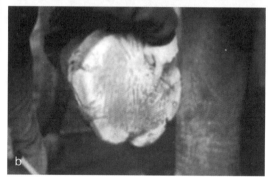

图17.14a、b 受伤12年后，我们仍然用环烷酸铜每天治疗该区域两次。幸运的是过去的9年里Siri没有出现严重的复发性足部问题（1997.12.18）

第18章　为亚洲象制作防护靴

凯特·伍德，特里·凯派什，查克·多伊尔

引言

1985年8月，一头名叫希瑞的雌性亚洲象踩到了一块锋利的石砾，把它的脚划伤了。石砾立即被取出，但尽管进行了治疗，还是出现了脓肿。脓肿在接下来的1年里得到了治疗。伤口愈合后只留下一条小裂纹。它很小，几乎不引人注意。然而当第二年冬天又出现潮湿泥泞的天气，希瑞的足部开始出现问题。水和泥进入裂纹，最终导致足垫与它的足部分离。用Oppertox来帮助足部干燥，但它并没有完全消除这个问题。人们认为防止这种情况恶化的唯一方法是保持足部的清洁和干燥。因为在冬天如果不把大象关在室内几乎是不可能的，我们决定试着做一只靴子，让足部保持干燥。

材料

- 乳胶

  美国纽约运河街480号，水泥乳胶公司，电话：212-226-5832

- 橡皮泥或造型黏土

  大多数艺术品商店有售。

程序

图18.1～图18.10介绍了为希瑞制作防护靴的过程。

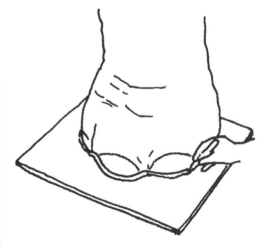

图18.1　希瑞被要求把脚放在一块木板上。查克·多伊尔画出了它的脚，在板子上做了标记（插图由凯特·伍德提供）

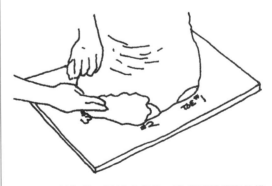

图18.2　制作黏土被铺成薄片，形成了希瑞脚的模型。小心翼翼地确保黏土粘在板上。在希瑞的脚周围上黏土。然后模具被小心从它的脚上拔出来

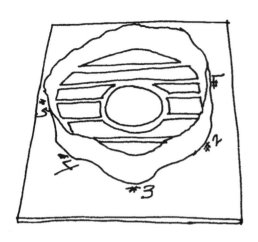

图18.3 隆起的部分是用黏土建造的。这些就成了靴子的踏面。为了减轻希瑞足部受伤部位的压力，在靴子中央留下了一个圆形凹陷

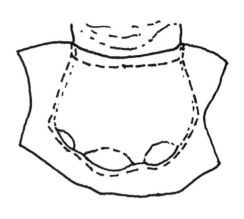

图18.5 为制作靴子的上部，在希瑞的脚前面放一块帆布，脚的上下和两边的中点都用记号笔画上轮廓。在脚后面重复此步骤

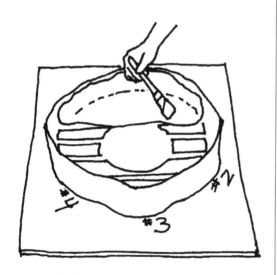

图18.4 首先，在模具上涂上硅胶喷剂，这是一种脱模剂。接下来在模具内涂上液体乳胶。需要涂很多层乳胶才能形成所需的厚度(1cm)。中心的圆形区域更薄(0.6cm)。当最后一层乳胶干燥后将鞋底从模具中剥离，并修整顶部边缘

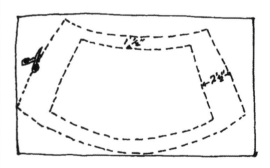

图18.6 添加摺边材料。上下各加4cm，左右各增加6.5cm，这使得后面可以重叠前面，并增加了摺边的材料

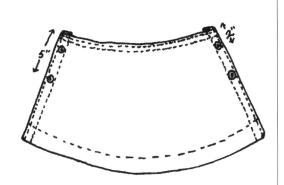

图18.7　靴子前后两端都有包边，并添加了索环。顶部也包了边。包边由一家帆布公司（Can do Canvas）完成，它们自愿花时间。它们还添加了旋风标志作为装饰

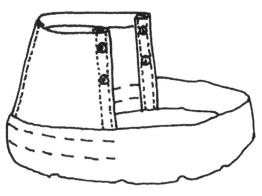

图18.9　靴子的上部用是用粗蜡线和帆布工用的锥子连接到橡胶鞋底上。先缝后面，再缝前面

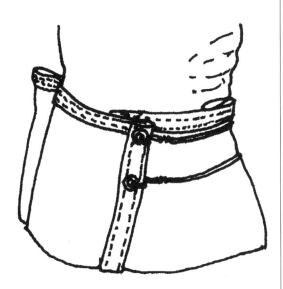

图18.8　靴子的上半部分重新放到希瑞的脚上去试，用小电击绳固定住。任何使靴子更合身的必要的褶子都在合适的地方钉上。靴子重新送回帆布公司缝褶子和修剪

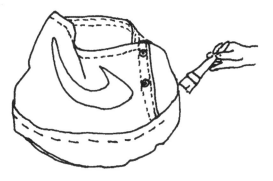

图18.10　靴子内侧帆布的底边下面刷上乳胶，这有助于将松散的边缘粘在鞋底上。接下来，在从底部到顶部的一排缝线的帆布内侧涂上乳胶

第19章

使用凉鞋和局部应用壳聚糖治疗非洲象足垫脓肿

丹尼尔·豪泽，李·G.西蒙斯，道格拉斯·L.阿姆斯特朗

引言

一头43岁的雌性非洲象左后脚的足垫下出现了一个脓肿，直径约8cm、深1cm，意味着脓肿占据了足垫表皮的全层，并导致趾甲脱落，需要切除大约25%的足垫才能充分引流并暴露脓肿。凉鞋可以用来保护暴露的软组织、保护局部药物、使病灶部位通风并隔离固体污染物。前68d的治疗包括各种全身抗生素的口服组合（磺胺甲恶唑甲氧苄啶、三水合氨苄西林）和/或局部治疗（2%的鱼石脂软膏、环烷酸铜、必妥碘、0.2%的呋喃西林、生理盐水）。这些治疗可能已经消除了脓肿的细菌感染，但实际上没有愈合或出现新鲜组织。总体上，病灶部位已发展为3个可见区域：①脓肿的起始点，看起来像一个深口袋；②脓肿从"口袋"到达脱落的趾甲的路径；③毗邻路径线两边复杂的组织。最终所有治疗均停止，病灶无明显变化。在病灶出现的第69天外用壳聚糖溶液。将壳聚糖薄片（美国华盛顿雷德蒙德范森公司产）溶于水中得到含有1%壳聚糖、1%冰醋酸和98%水的溶液。日常治疗包括：①用自来水冲洗病灶；②用生理盐水再次冲洗；③局部应用壳聚糖溶液；④将凉鞋固定在脚上。

应用壳聚糖后立即发现新鲜组织生长。在给予壳聚糖后的第9天，估计65%的病灶腔道充满了新鲜正常组织。壳聚糖治疗的165d后确定为痊愈，停止了所有治疗。

大象的足底脓肿很难处理，通常没有什么好办法。许多这样的案例几个月或几年都没有解决，并且经常以极端的解决方案结束，包括截肢和/或安乐死。1997年亨利多利动物园一头雌象脚底发生了脓肿。传统的医学治疗对这种情况无效，但大象饲养员创新制作了一种凉鞋成功地保护了该病灶区免受进一步的破坏。动物园工作人员选择采用一种不寻常的医疗方案，这种方案几年前曾成功地应用于动物园一头公象的皮肤病灶。一种食物添加剂壳聚糖被混合到溶液中，作为局部治疗直接应用于病灶处。壳聚糖与病灶组织通过凉鞋接触。病灶随着壳聚糖的应用迅速改善，最终痊愈。

病例史

1997年4月13日，一头43岁的母非洲象左后腿内侧趾甲脱落。对该区域进行清理和检查，未见肿胀或渗出，动物未表现出跛行或触痛。1周后，即1997年4月20日，在趾甲脱落的腹侧观察到大量脓性分泌

物。清理该区域后发现一个暗黑色的腔道似乎延伸到足底上皮。打开该腔道的足底外侧边缘，并向脚掌中部扩展。使用正常的蹄修剪工具积极清理腔道，去除所有变色或异常组织。

在足部中心发现一个直径约8cm的脓腔。彻底修剪所有被破坏的区域，没有留下任何组织瓣。大约25%的足底组织被不同深度地切除。脓肿已渗透至真皮层，扩散的渗出液已深入表皮。此外表皮可见狭窄的坏死组织。这个腔道直接从脓肿处延伸到破裂点和趾甲的腹侧。

治疗于1997年4月14日开始，1997年12月3日结束，共233d（33周）。表19.1描述了在治疗和恢复期间使用的全身、口服和局部治疗的顺序。从4月23日开始，我们用便宜的凉鞋来保护脚。最初的治疗包括每天2次用自来水冲洗以清洁足垫，修剪组织以保持脓肿完全开放，局部用药，然后穿着凉鞋。在最初的32d里，这双凉鞋每天

24h都穿着。1997年5月16日决定调整日常操作，每天脱掉凉鞋约6h。目的是提供磨损和促进坏死组织的分离。

前68d进行的治疗消除了所有细菌感染的迹象，但新组织的发展微不足道。在使用壳聚糖作为局部用药后，组织迅速发展。每天2次的治疗包括自来水清洗、生理盐水冲洗和使用壳聚糖。下午的治疗开始使用凉鞋，穿大约18h。脓腔在10d内缩小了近2/3。155d后痊愈，组织已从脓肿两侧填充直到完全闭合时，所有治疗停止。

凉鞋

目的　凉鞋是为了保持脓肿部位的清洁而设计的。清创是通过积极地切除所有覆盖在脓腔上的足底组织，以及脓肿部位和感染趾甲上的不健康组织来完成的。所有与底层软组织分离的足底组织以及覆盖在变暗或变色组织上的任何足底组织都被清除，直至脓腔的整个边缘由牢固附着且

表19.1　口服抗生素和局部治疗的顺序（1997.4.14—1997.12.3）

治疗	方法	开始日期	结束日期	持续天数
甲氧苄啶/磺胺嘧啶	口服	4.14	5.03	18
阿莫西林	口服	5.03	6.18	45
2%鱼石脂膏剂	外用	4.23	5.30	37
环烷酸铜	外用	4.23	5.30	37
凉鞋	外用	4.23	12.03	232
碘伏	外用	5.15	5.30	15
生理盐水	外用	5.30	12.03	187
呋喃西林	外用	6.05	6.21	15
壳聚糖溶液	外用	6.21	12.03	165

外观正常的健康组织代替。清除的足底面积约占其表面积的25%，剩下的是血管丰富的软组织，它非常脆弱，容易受伤和潜在感染。凉鞋的设计旨在满足4个目标：1）保护暴露的真皮和柔软的表皮组织免受额外的伤害；2）保持局部用药，以达到最大的接触时间和效果；3）提供通风，使局部干燥，尽量减少厌氧菌的生长和侵入；4）防止固体污染物污染，努力保持局部的清洁。

两层厚1cm的合成橡胶提供了保护。这种材料提供了一个不可穿透的屏障，非常耐用。使用2.5cm厚的聚氨酯泡沫来维持局部药物、通风和防止固体污染物。泡沫置于在足垫和凉鞋的鞋底之间，本质上是作为一个灵活的垫子和绷带。动物站立时，泡沫在动物的体重下被压缩，然后在体重消失时反弹，因此在整个过程中，它对凉鞋鞋底的可变压力一致。泡沫在压缩后恢复到原始状态的能力利于创口的恢复。当脚上的重量减轻时，凉鞋会离足垫一小段距离，足垫的不同点位这个距离是不同的，但是没有努力去量化这个距离。重要的是，这个距离永远不会超过泡沫的厚度，泡沫一直与凉鞋的鞋底和足垫的损伤部位保持接触。泡沫是一个非常有效的固体污染物屏障，并保持药物接触病灶。此外由于聚氨酯泡沫在压缩后反弹时，空气被吸入细胞，因此泡沫会主动给足垫通风。

材料和成本　材料成本如表19.2所示。计算出的总成本代表了材料的最高可能的货币投资。例如，列出一箱铆钉的成本，但在施工过程中使用的铆钉还不到一箱。

组装　凉鞋组装分为九步，耗时约7h，不包括花费在获取材料上的时间。我们具有在自由接触情况下与配合的动物一起工作的优势（图19.1）。

第1步：做底片　拖鞋的鞋底由两块橡胶输送带材料铆接在一起组成。鞋底的顶层和底层是相同的尺寸，但每层都做了轻

表19.2　材料和费用

项目（商品描述）	每单位成本（美元）	成本（美元）
输送带[a]（36 in × 36 in）	40.17	40.17
实心棉织带[b]（20 ft）	1.10/ ft	22.00
铆钉[c]（一盒100个）	6.94/盒	6.94
垫圈（100个）	0.02/个	2.00
皮带（3条，带重型扣环）	10.85/个	32.55
芳纶缝线	14.50/卷	14.50
链条[d]（4 ft）	2.15/ ft	8.60
总计		126.76

a：输送带是两层的、3/8in厚的合成橡胶；b：2in宽、1/2in厚；c：3/16in × 1in；d：3/8in焊接钢。

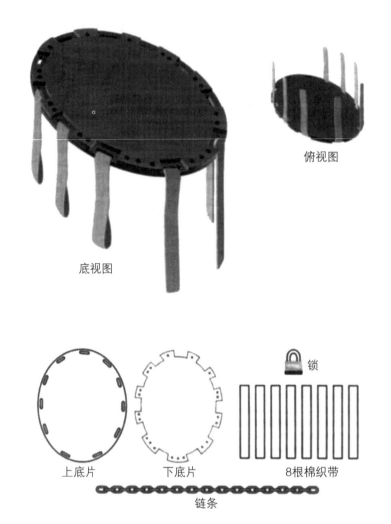

俯视图

底视图

上底片　　　　下底片　　　　锁　　8根棉织带

链条

图19.1　奥马哈亨利多利动物园制作大象凉鞋的细节

微的修改，以满足不同的功能（见下面的步骤2和步骤3）。让大象站在输送带的材料上，其足垫的周长就可以被描摹出来。鞋底由两部分构成，第一次描摹是为了留下足够的材料来制作第二部分。用线锯沿着描出的线切割第一块鞋底。用第一块鞋底作为模板，对第二块鞋底进行描摹，然后切割。

　　第2步：给凉鞋鞋带开槽　在凉鞋鞋底的顶层开槽，这样就可以用带子把凉鞋固定在大象的腿上。我们制作的凉鞋有11条鞋带，在鞋底周围均匀分布。鞋带的数量可以根据鞋底的大小和个人对适当间距的判断而变化。每个槽长约4cm，平行于鞋底的边缘，从边缘向内约3cm。为了切割每个槽，在鞋底上画一条4cm长的线，与边缘平行，在线的两端各钻一个直径0.6cm的孔，用线锯在孔中作为入口点进行切割开槽。

第3步：在第二个鞋底上剪下带子的缺口　凉鞋的底层是凉鞋与地面接触的表面，因此是最容易磨损的,但这一层也通过将带子从地板表面抬高来保护带子免受磨损。底部鞋底的切割位置与上部鞋底的开槽部位相对应。两块鞋底叠在一起，有槽的一块在上面，边缘对齐。用记号笔在槽和底部鞋底画一条线。移除上面的一块，然后在底部鞋底沿着绘制的线条用线锯切出半圆形的缺口，从而有效地去除绘制的线条。

第4步：用铆钉把鞋底钉在一起　用铆钉将两块鞋底沿着边缘固定在一起。任何两个相邻缺口之间的铆钉数量1~3个不等。两块鞋底叠在一起，完全对齐。钻孔，将铆钉放入孔中并固定，然后钻下一个孔。孔的大小遵循铆钉制造商的建议，并使用标准的铆钉安装工具。为了减少铆钉穿过鞋底材料的可能性，在铆钉的每一端都放置了垫片，这样可以比单独使用铆钉获得与鞋底材料更大的接触面。

第5步：把带子系在鞋底上　剪断棉织带，每条鞋带大约有75cm长。每条鞋带向下插入鞋带槽中，一端绕过凉鞋的边缘，与鞋带的另一端靠在一起。先用管道胶带临时固定鞋带，然后用凯夫拉尔线缝在一起。但脚后跟部位的三个槽不缝鞋带，在制作的最后阶段用于安装可调节的鞋带。

第6步：制作凉鞋支撑链　剪下一条直径1cm的链子，绑在大象的腿上，并用挂锁固定在腿的后面。挂锁必须钩住链条的末端环节，所以我们从一个4ft长的链条开始，逐渐减少它的长度，直到确定合适的长度。链条必须支撑住凉鞋，这样它就不会太松地绑在腿上。我们也很小心，避免用太紧的链条限制足部的血液循环。事实上，我们一开始太谨慎了，发现凉鞋太松了。链条很容易转动和移动位置。去掉一个连杆使链条足够紧实。

第7步：把鞋带系在链条上　在腿上拴上腿链，并在后面锁上后，大象站在鞋底上，有槽的那块在上面，这样大象的足垫就和凉鞋的鞋底接触了。每根带子松散的一端向上拉，在链子和腿之间。拉动鞋带以消除松弛，然后绕过链条，并在链条下方约5cm处靠近鞋带的另一端。在鞋带折叠的地方和鞋带一端与另一端对齐的地方做上永久性标记。然后取下凉鞋，对准标记，用管道胶带在标记处临时固定上一个环扣，再将环扣逐个缝在鞋带上。

第8步：插入腿链　链条从每个环插入，在凉鞋的后面开始和结束。凉鞋的链条被锁在腿的后面，所以组装后链条无法从鞋带上取下。

第9步：插入可调节鞋带　我们使用皮革和搭扣皮带，它们很耐用，在用皮革打孔钳打孔后，很容易调节。皮带从凉鞋的底部穿过开槽向上插入，这些皮带一直松着，直到凉鞋固定在动物的脚上。

凉鞋的使用　尽管一个人可以在大约90s内把凉鞋固定在大象的脚上，但两个人配合操作更方便。在大象足垫和凉鞋之间放置一块聚氨酯泡沫。这块泡沫通常比凉鞋的鞋底大，然后在放置后修剪到可接受的尺寸。完成与脓肿相关的日常治疗工作后，将局部用药放在聚氨酯泡沫上。凉鞋是通过一只手拿着挂锁（通过链条的一端连接），另一只手拿着链条的另一端来安装在动物的脚上的。大象抬脚时，凉鞋从脚的前侧开始滑入，向后侧移动。在把凉鞋穿到位的同时，链条被拉了起来，锁在腿的后面。在大象抬脚或站立时均可固定可调节鞋带，皮带在腿和链条之间向上滑，绕过链条，然后扣上。

凉鞋只需在抬起脚的同时解开脚踝上的挂锁，然后将凉鞋向前下方滑动即可脱下。在重新穿戴凉鞋之前，可调节鞋带是松开的。

关于凉鞋的笔记　最初，我们对凉鞋腿链的舒适度感到不舒服。试图用链套软化链与腿接触，选用合成橡胶水管做套管。当我们发现套管材料的贴身性和较高的摩擦系数导致轻微的皮肤刺激时，我们放弃了这种材料。当位置发生轻微变化时，套管材料会拉动表皮表面，而不是平滑地滑过表皮。我们最初的设计不包括3条可调节的皮带，而是用实心的编织棉。我们发现，把凉鞋固定在脚上的任务，虽然不是不可能，但要把所有的皮带都系在腿链上，难度要大得多。我们只能抓住一条小小的链条，而且这只凉鞋在位置对齐上的变化很小。有时，我们根本无法锁紧挂锁。转换到3个可调节的皮带解决了这些问题，并没有损害凉鞋的性能。缝制凉鞋带需要在针上施加很大的力，因此需要一些手部保护。否则，缝纫过程将是困难、痛苦和漫长的。

壳聚糖

壳聚糖是一种聚己糖胺聚合物，由几丁质去乙酰化而成，几丁质是一种丰富的天然多糖。几丁质通常是螃蟹、虾、贝类、鱿鱼、真菌、磷虾、蛤蜊和牡蛎商业加工过程中的副产品。

支持性研究　1987年我们第一次了解壳聚糖，当时一家当地医院正在研究其对狗的泌尿生殖系统伤口的影响，并发现壳聚糖处理过的所有组织的纤维化都减少了（Bartone，1988）。最近的研究涉及壳聚糖对上皮再生的明显增强作用。在一项关于狗开放性伤口愈合的研究中，壳聚糖处理的伤口在新上皮的发育方面"倾向于更大"，炎症细胞比对照组更少（Okamoto等，1995a）。在另一项研究中，制备了N-羧丁基壳聚糖作为柔软的冷冻垫，并将其应用于整形手术患者的术后（Biagini，1991）。这项研究报告了壳聚糖治疗手术部位，当"与对照部位相比……有更好的组织结构秩序，更好的血管化和没有炎症细胞…在皮肤层面"。一项人体皮肤伤口的体外研究比较了肝素–壳聚糖、壳聚糖凝胶、单独肝素处理的组织和未处理的伤口（Kratz，1997）。肝素–壳聚糖组刺激90%的伤口重新上皮化，壳聚糖凝胶组的刺激率为30%。未处理的伤口和单独使用肝素组没有恢复。

壳聚糖似乎具有抗菌特性，在298种培养物中观察到各种病原体，这些培养物暴露于N-羧丁基壳聚糖（Muzzarelli，1990）。电子显微镜检查显示暴露的微生物有"明显的形态学改变"，并确定N-羧丁基壳聚糖具有"抑菌、杀菌和杀念珠菌活性"。有一项研究比较了生理盐水、氨苄西林和3种浓度的壳聚糖（0.01mg、0.1mg和1.0mg）对实验犬脓肿的治疗效果，与我们所处理的脓肿问题更为相似（Okamoto等，1995b）。皮下接种金黄色葡萄球菌T-6培养的脓肿引流后处理。将壳聚糖制成细粒状，以悬浮液施用。计算基于伤口腔直径的变化。两种较高浓度的壳聚糖的效果明显优于抗生素（表19.3）。在1.0mg和0.1mg壳聚糖组中，90%和55%的伤口在8d内分别愈合，而氨苄西林组的伤口愈合率为40%。0.01mg壳聚糖组和生理盐水对照组均未见愈合。报告还指出，肉芽组织中有"丰富的血管化"。

表19.3　实验脓肿8d愈合率（第0天和第4天对脓肿进行引流和治疗）

治疗	愈合百分比
1.0mg壳聚糖	90
0.1mg壳聚糖	55
0.01mg壳聚糖	未出现愈合
阿莫西林	40
生理盐水	未出现愈合

改编自Okamoto等，1995。

制备和处理　以壳聚糖溶液为处理目的。干的细磨的壳聚糖是从经销商（万森公司）那里购买的，该经销商将壳聚糖作为鱼类的膳食补充剂而不是用于生物医学目的。壳聚糖溶液由以下3种成分组成：

1.0g壳聚糖粉、1.0mL 1%冰醋酸和98mL温自来水。这种混合物是一种无色、透明、微黏性的溶液，然而在大量使用时，它具有均质的、接近液体凝胶的特点。将壳聚糖的细颗粒分散剂溶液装在一个24盎司的多用途喷雾瓶中喷于患处，直到病灶表面饱和。

治疗反应　1997年6月21日开始用壳聚糖治疗。当时，我们已经努力了68d来治疗这个问题，使用了之前描述的每天2次的抗生素治疗和局部应用的药物（表19.3）。兽医工作人员与大象饲养员密切合作，并允许他们在康复过程中管理日常治疗。驯象员每天都要做记录，以提供治疗的历史，并记录随着病情的发展，观察到的组织状况的变化。在最初的68d里，没有任何关于新组织发育的记录。没有明显的或可观察到的组织再生。虽然没有感染的迹象，但恢复过程似乎是静止的和无进展的。每天的记录非常引人注目，壳聚糖治疗第一天后脓肿出现了明显的变化。

1997年6月22日：组织从病灶最深的底部明显生长，并有小的红点。

1997年6月23日：由于组织从底部开始生长，腔道特别是外缘面积变浅。

1997年6月24日：足垫看起来比21日好。病灶的深部似乎不那么深。洞的底部是暗淡的、白色的、带着一丝粉红色。新组织略呈颗粒状，更紧实。

1997年6月25日：可以触摸病灶的深层而大象没有反应。新组织在这一区域发育，呈凹形。在使用壳聚糖之前，这个区域是平坦的。3个区域有明显的血液渗出（很少的血液很快被表面水分稀释）。组织新鲜，表面未见血管。

1997年6月26日：在腔道的底部还有更多的组织生长。一个组织瓣从洞的底部正在融合到新的组织。

1997年6月27日：在过去的4d里，这个洞似乎已经由新组织填满了一半的空隙。组织是粉红色的，对触摸很敏感。

1997年6月28日：病灶底部与边缘有明显的组织融合。病灶底部出现血管线。

1997年6月30日：无重大变化，组织继续填满洞并附着在两侧。

1997年7月1日：新组织似乎在洞的内壁上发育。据估计，自壳聚糖开始使用以来，孔的深度减少了65%。

经验证据，虽然缺乏定量数据，说明了迅速的改善。

结论

日常使用壳聚糖后，组织立即发育表明它对细胞再生有增强作用。研究文献提供了一致的证据，但没有提供关于生物学机制的解释或理论。在这种情况下，成功治愈脓肿似乎可归因于以下过程：

1. 使用抗生素对抗感染因子。

2. 每天都要积极地注意保持脓肿的开放性，并修剪任何可能包围和孵化病原体的组织。

3. 使用凉鞋（含聚氨酯泡沫）保护脓肿免受伤害和污染，并延长壳聚糖的接触时间。

4. 使用壳聚糖作为局部治疗促进上皮再生。

延伸阅读

[1] Bartone, F. F. and E.D.Adickes.1988.Chitosan: Effects on Wound healing in Urogenital Tissue: Prelimary Report.*Journal of Urology* 140(5, Pt2):1134-1137.

[2] Biagini, G., A. Bertani, R. Muzzarelli, A. damadei, G. diBenedetto, A. Belligolli, G. Riccotti, C. Zucchini, and C. Rizzoli.1991. Wound Management with N-carboxybutyl Chitosan.*Biomaterials* 12(3):281-286.

[3] Kratz,G.,C.Arnander,J.Swedenborg,M.Back,C. Falk,I.Gouda,and O.Larm.1997.Heparin-Chitosan Complexes Stimulate Wound healing in human Skin. *Scandinavian Journal of Plastic Reconstructive Hand Surgery* 31(2): 119-123.

[4] Muzzarelli, R., R. Tarsi, O. Filippini, E. Giovanetti, G. Biagini, and P. E.Varaldo.1990. Antimicrobial Properties of N-carboxybutyl Chitosan. *Antimicrobial Agents Chemotherapy* 34(10):2019-2023.

[5] Okamoto, Y., K. Shibazaki, S. Mami, A. Matsuhashi, S. Tanoika, and Y. Shigemasa. 1995a. Evaluation of Chitin and Chitosan on Open Wound Healing in Dogs.*Journal Veterinary Medicine Science* 57(5):851-854.

[6] Okamoto, Y., T. Tomita, S. Mami, A. Matsuhashi, N. E. Kunazawa, S. Tanioka, and Y.Shigemasa.1995b. Effects of Chitosan on Experimental Abscess with *Staphylococcus aureus* in Dogs. *Journal Veterinary Medicine Science* 57(4):765-767.

第20章　超声检查在雌性亚洲象克拉拉足部脓肿后续护理中的应用

蒂莫西·J.奥沙利文，兰迪·E.容格

引言

本章介绍了在圣路易斯动物园持续使用超声来监测一只亚洲象足部感染的进展。大象左后脚出现脓肿，最初进行了广泛的足部修剪和每日足部浸泡治疗。我们后来用超声检查来监测感染的进展，并相应地调整我们的治疗。超声检查允许我们确定原始脓肿区域的深度，并看到从原始脓肿延伸出来的几个新的感染区域。通过持续的超声检查，我们能够监测脓肿区域和延伸区域的愈合过程。通过使用这些信息，我们能够将注意力集中在受影响的区域，避免对足垫进行探索性修整。我们发现超声检查是一种有用的工具，可以观察足部问题的程度和监测愈合过程。

病史

1995年8月5日，在对41岁雌性亚洲象克拉拉（Clara）进行常规足部检查时，发现在其左后脚的足垫处有一个很大的脓肿区域。该脓肿位于两个外侧趾甲之间、距离脚外侧约7.5cm、直径约6cm。在接下来的几天里，浸滞的区域被修剪掉，结论是需要更广泛的治疗。尝试治疗时，大象被限制在我们的大象约束装置（ERD）并

用龙朋镇静。冲洗脚并浸泡在必妥碘溶液中，每天2次，直到可以安排更广泛的治疗。

8月15日上午，克拉拉被转移到我们的急诊室，肌内注射300mg龙朋镇静。20min后，克拉拉镇静下来，我们用带子固定住她的腿和躯干。由于机械故障，ERD不能成功旋转。注射了150mg育亨宾并被释放到象舍里。手术被重新安排在晚些时候。

8月17日上午，试图将克拉拉移回ERD的尝试没有成功，手术重新安排在8月21日星期一。由于足部疾病很严重，我们决定如果她当时不能被控制在ERD中，将进行全身麻醉。口服了10d的甲氧苄氨嘧啶，剂量为每天187.5g。

8月21日，克拉拉迅速进入ERD，并注射了350mg龙朋。40min后，她仍然没有足够的镇静剂以便手术，追加150mg的龙朋。腿和躯干用带子固定。ERD的旋转功能工作良好，可以完全方便地进行足部处理。尽可能地修剪受感染的区域。修剪脚的其余部分时，在脚的中心发现了另一个脓肿区域，约1cm深。我们还发现了一个浅的、破坏脚跟的脓肿从这里延伸出来。切除脓肿区以暴露健康的足垫。在感染区域被清理后，克拉拉静脉给予

150mg育亨宾。然后扶正放回象舍。

接下来的日常治疗包括用温水冲洗感染部位，并用稀释的双氯苯双胍己烷（氯己定）溶液冲洗。整个脚在双氯苯双胍己烷（氯己定）溶液中浸泡10min，然后喷洒环烷酸铜。每天2~3次。此过程中，饲养员注意到脚的某些区域有分泌物和压痛。建议用超声来观察足垫下的脓肿区域，并确定原始脓肿区域的深度。

10月4日，兽医使用便携式超声仪（美国康涅狄格州沃林福德科洛医疗系统阿诺卡500）检查足部。让大象背对着我们，左后脚穿过栏杆，放在一根管子上。使用5.0MHz线性换能器（科洛医疗系统阿诺卡5.0MHz线性阵列超声换能器）能够观察到原始脓肿区域。该区域似乎有3~4cm深。可见1~2cm深的小腔从原始病灶向外侧延伸。还有几个1cm深的腔，从原来的脓肿向内侧延伸。这些腔很小，在足底表面下2~4cm。经过这次检查，得出的结论是每天冲洗和浸泡将继续，超声检查看到的腔道将被修剪。

6周后，我们用超声波重新检查脚。脚的大部分看起来都很健康。小的1~2cm的腔道不再存在，没有检查到其他的囊或腔道。原来的脓肿区域现在约2cm深。先前看到的从脓肿区向外侧延伸的腔道没有出现触痛或感染。确定每日足部护理治疗是有帮助的，应该继续。

6周后，我们再次检查，除了原来的脓肿区（现在深1cm）和外侧延伸的腔道外，整个足底都是实性的。这条腔道似乎充满了组织，而不是像以前那样充满了液体。因为人们认为强行冲洗导致了一些组织剥离，饲养员被指示停止这种治疗。然而，每天的双氯苯双胍己烷（氯己定）浸泡仍在继续。

在随后的几个月里，这个令人关切的区域并没有像我们所希望的那样痊愈。该区域摸起来仍然很柔软。大象不让饲养员对它脚的任何部位进行大的修剪，尤其是在浸泡过的地方。洞口塞进了石砾和其他杂物，每天都要用水管冲洗。脚的其他部位也恶化了。我们决定在ERD中给克拉拉注射镇静剂，并保护她的脚，这样我们就可以更近距离地观察她的问题区域，并修剪脚的其余部分。

1997年8月19日，她被关在急诊室，并被给予500mg龙朋。注射完镇静剂后，她的左后脚被抬起并固定在栏杆上。修剪整个足垫表面，直至健康组织。超声检查结果显示，除慢性腔道外，未见潜在的腔道或积液囊。该区域被切割至健康的出血组织，几乎没有残留的坏死组织碎片。

到目前为止，在最初的脓肿爆发近半年之后，大象的这个区域仍然有软组织暴露。每天用软管清洁该区域，并喷洒环烷酸铜。定期对足部进行超声检查，以监测其进展情况，并确定是否出现任何其他问题。

结论

超声检查检查对发现和监测足部积液脓肿具有重要意义。作为一种无创、无痛的监测足部问题的方法，超声检查使我们能够专注于需要的特定区域，避免探索性和不必要的修剪。

第 21 章 大象足部骨髓炎的治疗

洛里·J. 盖奇

引言

大象脚趾的骨髓炎是一种严重的疾病，通常是足部皮炎未经治疗的结果。治疗的困难和感染从远端趾骨迅速上升到掌骨可能危及生命。一旦感染到达掌骨，足部的完整性就会受到威胁，大象可能会非常不舒服，安乐死可能是唯一剩下的人道选择。

骨髓炎的原因

足垫和趾甲周围的感染很常见。病因包括异物嵌入足垫，足部护理不足，创伤，营养不良，总体健康状况不佳，基材潮湿或肮脏，以及缺乏锻炼。足部的软组织感染，称为足皮炎，可发展为一个或多个趾骨的骨髓炎。骨髓炎的临床症状包括患趾趾甲周围或整个足部局部肿胀、蜂窝织炎、发热和跛行。脚趾的X线检查将建立骨髓炎的诊断，并应经常检查（至少每周1次）以跟踪疾病的进展（Gage，1999）。

一旦感染进入骨骼，引起其中一个指骨的骨髓炎，整个脚趾都处于危险之中。当感染扩散到P-3时，如果不及时治疗，它通常会从一个趾骨上升到另一个趾骨。有一个记录在案的病例，在10d的时间内，

P-3感染上升并导致超过一半的P-2断裂。尽管用无菌的克罗珀氏咬骨钳对感染组织进行了积极的清理，并每天3次用消毒溶液积极冲洗导致感染趾骨的腔道，但仍发生了这种情况。在这种情况下，感染只能通过手术切除受感染的组织和骨骼并给大象服用抗生素来控制。

骨髓炎的预防

鉴于问题的严重性，采取积极的预防措施当然是值得的。每只脚的脚底和趾甲都应该经常检查是否有损伤或可能会发展为腔道的柔软区域。感染可能开始于趾甲之间或趾甲上方或脚底肿胀或柔软的皮肤。幸运的是，每个趾骨都包裹在一层厚重的纤维组织中，这有助于保护它免受邻近软组织的感染。因此，这些软组织感染，如果及时治疗，往往没有进一步的并发症。

打开病灶以引流是最重要的。用温水和硫酸镁或聚维酮碘溶液浸泡脚可能有助于消除感染；然而它也可能导致脚和脚底变得柔软，从而产生更多的并发症。脚浸泡在各种消毒剂溶液中产生了不同的结果。深层组织培养是识别致病生物的重要辅助手段，并允许为大象选择适当的全身

抗生素。不建议用针向感染组织局部注射抗生素，因为每个趾骨周围纤维鞘的完整性可能被破坏，并可能增加感染进展为骨髓炎的机会。

越来越多的证据表明，活动量少的大象更容易出现足部问题。肢体形态不佳的大象30～40岁时容易出现足部问题。这可能是由于他们不愿像正常象那样多走路，也可能是由于个体四肢和脚的重量分布不均匀。鼓励大象每天锻炼的措施可能有助于预防足部问题。

饲养大象的地面材料也可能是影响大象足部健康的一个因素。过去20年的观察表明，生活在自然基材上的大象比生活在沥青或混凝土上的大象脚和四肢的问题更少。

治疗

治疗象足部骨髓炎对兽医来说是一项艰巨的挑战。积极的抗生素治疗是必要的，但可能难以实现。通常需要大剂量的昂贵药物。治疗方式包括口服、肌内注射或直肠栓剂。如果大象经过良好的训练并允许使用这些药物，或者如果它被安置在一个有良好约束系统的设施中，成功率可能会提高。

每天冲洗感染骨的腔道常常效果不佳，而且感染通常会波及邻近的骨。手术是阻止感染最有效的方法（Gage等，1997）。虽然进行手术的决定令人生畏，但如果在感染在P-3时进行手术，手术的难度和术后护理的数量将大大减少。并发症随着波及趾骨数量的增加而增加。如果每2～3d收集1次有氧、厌氧细菌和真菌的培养物，术后治疗将更有效。全身抗生素治疗可相应调整。

手术切除前肢三个中心承重趾之一的中间趾骨P-2的近端，可能会对其余的脚趾造成严重的结构性损伤，从而导致整个脚的损伤，需要安乐死。内侧和外侧指可以完全切除，风险较小。

已经尝试过局部脚趾灌注抗生素，可能是手术的可行替代方案。该过程需要每天在肢体周围（腕骨上方）放置专门的止血带，局部灌注适当的抗生素，并在灌注后将止血带充气20min。迄今为止，这一操作减缓了大象足部骨髓炎的进展，但并没有解决问题。

延伸阅读

[1] Gage, L. J. 1999. Radiographic Techniques for the Elephant Foot and Carpus. In *Zoo and Wild Animal Medicine: Current Therapy*, 4th ed., edited by M.E.Fowler and R.E Miller, pp. 517-520.Philadelphia:W.B.Saunders Company.

[2] Gage, L. J., M. E. Fowler, J. R. Pascoe, and D. Blasko. 1997. Surgical Removal of Infected Phalanges from an Asian Elephant (*Elephas maximus*). *Journal of Zoo and Wildlife Medicine* 28(2):208- 211.

第四部分

大象足部疾病的手术干预

| 第 22 章 | 圈养亚洲象足部脓肿的内科和外科治疗：案例研究 |

韦恩·S. J. 博德曼，理查德·雅各布－霍夫，谢里·亨特里斯，迈克尔·林奇，安德烈亚·赖斯，克里·莫纳汉

引言

圈养亚洲象的足部脓肿通常是由于足部护理不良造成的。本章描述了3个动物园中3只成年动物足部脓肿的内科和外科治疗。治疗了6个单独的脓肿。成功的治疗足部脓肿包括刮除术、清创、足浴和灌洗，以及使用抗生素和消毒软膏。其中两例感染显示第三趾趾骨的影像学改变，与骨髓炎一致。对两只难以长期医疗管理的患有慢性深部脓肿的动物进行了手术治疗。影像学改变与更广泛的骨髓炎相关，影响下面的第三趾趾骨（在一个病例中第二和第一趾趾骨）。在每个病例中，楔形趾甲片以及受感染的区域被切除，以进入下面的趾骨。显示感染、断裂和软化外观的骨骼，被切除或部分切除。成功处理开放性手术伤口是一个漫长而密集的过程，伤口冲洗、常规伤口换药、镇痛、肠外和局部抗生素治疗以促进愈合。X线检查表现的小的趾骨末端骨髓炎可以通过长期的药物来解决。P-3和更多P-1的广泛慢性骨髓炎可能需要手术干预。成功治疗轻微的足部感染需要温和彻底地清创、足浴和患处干燥，尽量减少再污染。良好的饲养和预防性足部护理是必不可少的。

大象脚上的感染可能是由趾甲的裂缝、外伤或异物嵌入足垫引起的（Houck，1993）。它们通常对用消毒液浸泡或冲洗病灶部位反应良好（Mikota等，1994）。在一项调查中，68只动物的127例脓肿中（Mikota等，1994）有82例脓肿在一次治疗后痊愈，30例需要多次治疗（Mikota等，1994）。总体来讲，治疗是积极的，通常包括清创、刮除、灌洗以及局部和非抗生素制剂的使用（Mikota等，1994）。偶尔这些感染对局部治疗无效，并进一步深入足部组织引起其中一个P-3的骨髓炎（Gage等，1997）。导致P-3骨髓炎的足部脓肿可以保守治疗。然而，如果治疗后骨髓炎进展迅速，或者发现骨髓炎发生在P-1，手术切除感染可以获得成功。

医疗管理

临床表现

病例1 在澳大利亚西澳大利亚南珀斯动物园，一只40岁、体重3500kg的雌象发生了3个脓肿。在近12个月的时间里，足部护理一直不理想，在右前腿第三趾（D-3）趾甲处发现脓肿。深脓肿延伸至皮质骨和P-3前端。坏死的趾甲下有潜在的腔道，还有臭味。外孔比内腔小得多。放射照相显

示30%的骨头显示出骨髓炎的迹象，较少程度的断裂，前缘粗糙。趾骨中间怀疑有坏死的骨片。同时，左后肢出现慢性脓肿的急性发作，第四趾（D-4）趾甲冠状带角软化，伴有临近上皮的炎症。X线摄影显示P-3骨折成两段。下面的脓肿突破趾甲的冠状带，产生化脓性瘘管。右后肢第一趾（D-1）趾甲内侧有脓性分泌物，未见影像学改变。

病例2　第二个病例发生在新西兰奥克兰动物园的一名23岁、体重3600kg的雌象。该动物有6年的左前肢D-4趾甲负重面脓肿病史。已经尝试了各种治疗方法，但没有明显的长期效果。脓肿深且延伸至真皮及P-3主要部分。X线摄影显示P-3前缘有20%的低级别断裂。

治疗

病例1　对左后肢脓肿进行刮除和清创，尽可能多地切除坏死组织。保持趾甲壁的完整性是很重要的。感染途径是通过D-3的负重面，从趾瘘中取出坏死的、失活的角质组织以促进引流。最初的治疗方案是在温（40℃）盐水中泡脚15min，每天2次，然后用大量稀双氧水和1%聚维酮碘进行清创和冲洗。脓肿腔内填充磺胺嘧啶银和洗必泰乳膏（Silvasine，新西兰奥克兰Smith and Nephew公司生产）。

这种方案似乎效果有限，每天有脓排出，需要进一步清创。该方案改为对空腔进行冲洗以去除大部分脓液。然后像以前一样用温盐水浸泡脚，保持空腔干燥并喷

洒胰酶喷雾剂（Debrisol，新西兰奥克兰Ethical代理公司提供），每天2次。将0.25%的次氯酸钠溶液冲进空腔，然后弄干。将纱布棉签浸泡在二甲基亚砜、甲氧苄氨嘧啶和甲硝唑组成的溶液中，插入伤口。纱布用氰甲基丙烯酸酯组织黏合剂固定。这种疗法有轻微的改善迹象。该动物白天展出，伤口里经常塞进沙子，冠状带附近的皮肤因足浴而变软。当这种情况发生时，治疗停止，并将干燥剂"科伦坡溶液"（5g硫酸铜，5g炉甘石粉，5mL浓缩福尔马林和20mL10%聚维酮碘溶液与水组成1L溶液）涂在角质组织上以硬化组织。几周后，该动物离开展区时，脓肿开始迅速愈合。每次治疗后用纱布和棉签擦干伤口，待其完全干燥。然后擦洗暂停4周，期间伤口没有被沙子或粪便污染。在这种情况下，脓肿迅速愈合，因为肉芽组织填满了脓肿，然后是正常的角质组织。治疗10周后伤口愈合，停止治疗。

另外两个脓肿采用了非常相似的治疗方案。后一种方式对右后方脓肿最有效。当动物远离沙子的基材并保持伤口干燥时，愈合明显改善。需要进行轻微清创。治疗7周后伤口愈合，停止治疗。

此时右前脚的脓肿没有好转。偶尔发现这条腿有轻微的间歇性跛行。对该病灶的治疗进行了回顾，并建议手术切除或刮除P-3。由于局部疼痛，只能进行最低程度的清创。坏死的角质物下有许多潜在的腔道。脚每天治疗2次，首先像以前一样在温盐水中浸泡15min，然后用非常小的剪刀和

镊子修剪。先使用Debrisol，然后用10%聚维酮碘溶液冲洗伤口。"Kandy"药膏（2%咪康唑药膏30g、2%复方新诺明药膏20g、1%聚维酮碘药膏20g）用于伤口。使用纱布将药膏装入伤口，纱布用氰甲基丙烯酸酯组织黏合剂固定。一小片很黏的电工胶带把纱布固定在适当的位置。术后给予6.3g多西环素（Vibravet 100mg，辉瑞动物保健公司，奥克兰，新西兰）作为肠外抗生素治疗。5d后出现轻度腹泻和部分厌食症状，停止用药。6周后再次对足部进行X线检查。骨髓炎病灶有轻微改善。中央的缺陷已经填补了一点，边缘也不那么粗糙了，这表明活动性骨感染减轻了。

治疗仍在继续，但伤口被围栏里的沙子污染了。有时清创无效。设计了一个靴子用来防止污染和防止局部用药的损失。进展较缓慢，伤口偶尔流出脓性物质。然而尽管外表表现为一个大的坏死性脓肿，5个月后的X线片显示断裂区骨密度增加。再次积极刮除坏死组织，每天清除杂物。该区域变得柔软，因此停止了盐水足浴，每天使用两次科伦坡溶液。用吹风机吹干伤口，将1%聚维酮碘软膏插入伤口腔内，并用纱布和胶带固定。尽可能避免伤口污染，在接下来的3个月里，伤口被填满并愈合。随后的X线摄影显示在先前的骨病灶中骨密度普遍增加。

病例2　多年来，左前肢脓肿的治疗方法多种多样，包括用5%的温盐水和2.5%的福尔马林进行足疗，或用2.5%的硫酸镁。其他局部治疗包括收敛剂和抗生素喷雾剂。脓肿会周期性地在冠状带处破溃，引起剧痛。使用镇痛药5g苯丁酮（Myoton颗粒剂，拜耳新西兰有限公司，奥克兰，新西兰）口服5~7d，每日1次。泰乐菌素（泰乐菌素注射液，新西兰曼努考Bomac Labs公司）180mL肌注，每天1次，使用10d。随后的治疗包括10d的青霉素和链霉素（Penstrep LA，Bomac实验室有限公司）150mL，每日注射，随后是10d疗程的多西环素（Vibravet 100mg，辉瑞动物保健公司）7g，每日注射。伤口仍然柔软湿润，尽管使用了靴子，但脚还是被污染了。X线摄影显示P-3中度断裂，符合慢性骨髓炎。

在接下来的3年中，脓肿有所改善，但仍有少量脓性排出。再次使用各种治疗方法。1995年下半年，用温盐水和含1%聚维酮碘的溶液冲洗伤口。用靴子尽可能保持伤口清洁，晚上用链条锁住动物，以减少污染的可能性。有时晚上不穿靴子，让脓肿腔风干。渐渐地，缺陷被健康的肉芽组织填满，角质物覆盖了空洞。在首次记录脓肿近10年的后脚愈合了。断裂性病灶减少并被与相邻健康骨相同放射密度的组织所取代。空腔继续充满健康组织。然而，偶尔由于潮湿的条件，腔道重新打开。用1%聚维酮碘溶液清创和冲洗伤口即可愈合。

手术过程

病例1和2　两例手术通路非常相似。麻醉动物取左侧卧位，患病腿朝上。手术部位做好手术准备。在腕骨上方使用Esmarchs绷带（一条2cm宽的拖拉机轮胎内胎条）以减少出血。用摆动锯从感染的趾甲上去除一块楔形的趾甲组织。切口从冠状带延伸约2cm，从尾侧延伸至负重面前缘约4cm。病例1的P-2、P-3被切除，P-1内侧也被切除。病例2P-3的3片碎片被分离出来。病例1使用腹部手术巾以减少出血。将更多的手术巾浸泡在1%聚维酮碘溶液中，先用自黏绷带包裹伤口（Coban，美国明尼苏达州圣保罗3M医疗外科部门），然后用弹性绷带包裹伤口。在敷料上套上靴子以减少污染的可能性。

在病例2中，抗生素浸渍的骨水泥珠被放置在手术部位。但是这些用途被证明是非常有限的，而且很难去除。需要进一步地镇静和麻醉才能取出它们。

术后护理

在病例1和病例2中，术后护理是相似的，需要强化伤口管理以使手术部位第二次愈合。病例1预防性使用抗生素，口服7g/mL的多西环素，每天1次，使用3周；口服布洛芬（Brufen，澳大利亚新南威尔士北岩The Boot有限公司）8g，每天2次，用于镇痛。当布洛芬增加到8g口服，1d4次时，镇痛作用增加，表现为运动改善和冠状带炎症减少。

病例一术后24h术部出现深紫色、非常顽固的血块，充满了伤口。先用生理盐水冲洗伤口，然后用1%聚维酮碘溶液浸泡的腹部手术巾填充伤口并包扎。伤口每天包扎1次，持续了90多天。

头10d这只动物被关在室内或只允许进入训练场。随着伤口开始愈合，7d左右出现有组织的肉芽组织；大量的白色黏液渗出物也开始出现，这是正常的。每天用1%聚维酮碘溶液冲洗伤口，持续20d。然后将聚维酮碘溶液50∶50与一种脱屑剂（辉瑞动物保健公司Otoderm多重清洁液）混合。定期对伤口进行细菌感染培养。只有污染物被分离出来，分离出铜绿假单胞菌后，用醋冲洗伤口以增加局部酸度，随后未培养到铜绿假单胞菌。

靴子在保护伤口不受污染方面很有用，但却使重要组织变得柔软。因此，有时当工作人员可以监督动物时会取下靴子。在此期间，使用甲基化乙醇硬化冠状带区域。为了避免粪便污染，靴子在晚上一直穿着。在接下来的几个月里，伤口愈合了，但偶尔需要修剪以去除旧的坏死角质物。白色黏液渗出物被健康的粉红色肉芽组织所取代。随着角质物的生长，肉芽组织床的大小逐步缩小。任何时候脚都要尽可能保持干净，伤口保持湿润。肉芽组织的生长在伤口的侧面形成了一个小袋，这需要特别注意，包括清得佳凝胶的应用（Intra Site Gel，Smith and Nephew公司）。12个月完全愈合后，在负重面出现周期性的小开口，偶尔需要清创。

病例二的伤口处理过程相似。最初使用海藻酸盐敷料来减少出血。后来使用清得佳凝胶来促进愈合。为了让伤口干燥，使用靴子的次数比案例一少。因此，伤口受到的污染稍微多一些。但污染对伤口愈合的影响很小，因为有良好的肉芽组织床。冠状带附近的旧趾甲需要更多的清创。该病例的愈合也花了12个月，并且在负重面也出现了周期性的小开口。

讨论

趾甲裂缝的形成可能是由营养、遗传、环境或创伤引起的，但原因通常是未知的（Fowler，1993）。在一项调查中，7只动物（3.7%有足部问题的动物）因慢性蹄皮炎而被安乐死（Mikota等，1994）。在这些病例中，诱发足部脓肿的因素包括粪便和尿液污染、夜间兽舍排水不良、不充分和不合理的足部护理、潮湿气候、潮湿和磨蚀性基材以及刻板行为。

趾甲组织的长期浸渍可能导致趾甲的负重面和前缘出现裂缝。当趾甲变得过度生长时，粪便物质可能会进入裂缝，这反过来又加剧了浸渍过程，导致软化的趾甲失去活力。脚在承受重量时有很大的膨胀能力，在抬起时变小。这种解剖特征可能意味着粪便和相关细菌可能被吸入或强行进入裂缝。这样，感染可能会以反重力的方式发生。持续的忽视或不适当的护理会导致裂缝扩大，然后发展成潜在的蜂窝织炎。

趾甲感染（甲炎）可进展到与P-3相关的层和髓质。此时，感染只需要很短的距离就能穿透骨膜和P-3骨基质。如果不加以控制，感染可引起骨断裂和骨髓炎，骨髓炎可扩展到指间关节，并进展到近端P-2和P-1。这种感染可以像这样持续多年，并伴有潜在的、缓慢发展的骨髓炎。在某些情

况下，感染也可以发生在趾甲下部。从外部看，趾甲看起来很健康。感染以反重力方式进行，靠近冠状带。如果没有引流，这个区域和邻近的上皮会明显发炎，摸起来会很痛。通常这种动物会跛得很厉害。几天之内，脓肿就会爆发，疼痛就会减轻。这些临床症状代表了慢性疾病的急性发作。

从大象足部脓肿的病灶中分离出多种需氧、厌氧菌和真菌。作者从上述病例中分离出以下种类的细菌和真菌：无乳链球菌、棒状细菌、金黄色葡萄球菌、黑色细菌、弗氏柠檬酸杆菌、铜绿假单胞菌、革兰氏阴性厌氧菌、链球菌、神奇变形杆菌、白色念珠菌、莫氏变形杆菌。

通常每个培养中都有几个分离菌。也经常见到一些在培养基上不能生长的革兰氏阴性菌。大多数细菌是污染的，它们无所不在，其中一些可能引起局部感染。

对于长期存在的趾甲脓肿，重要的是对脚趾进行X线摄影以评估感染的程度。比较足部脓肿的X线片与正常足部的X线片有助于诊断，并且经常对足部脓肿进行X线摄影可以跟踪病灶的进展。在对大象的足部进行放射照相时，我们注意到标准化X线束的角度可以产生一致且可复制的结果。我们发现双脚站立时将X线束与射线照相底板成垂直30°倾斜时，可以产生可复制的结果。

骨髓炎的影像学证据可以保守治疗或手术治疗。如果X线病灶进展缓慢且仅影响P-3前缘，则脓肿可采取保守治疗。然而，

如果X线病灶是进展更快或有P-2和P-1骨髓炎的证据，则应考虑手术治疗。最广泛的慢性脓肿见于前肢D-3或D-4。这种高频率的原因尚不完全清楚，但可能与体重分布、刻板行为的影响或前肢形态不良有关。奥克兰动物园的大象前肢轻微向内旋转，这可能是由于D-4的足底表面承受了更多的重量，从而导致足部病灶的形成。

在医学上治疗足部脓肿时，对黑色坏死腔道进行温和、彻底地清创是非常重要的。应避免接触血管组织。使用小剪刀、镊子和刮匙有助于这个过程。坏死腔道清创可每4~7d进行1次。一旦建立引流，每天2次在温暖的（45~50℃）消毒溶液中浸泡15~30min是非常有效的。可以使用的溶液包括0.1%~0.5%的洗必泰、1%的聚维酮碘或4%的盐水，或者伤口也可以每天用大量的这些溶液冲洗两次。在浸泡或洗脚之前，重要的是要清除脓肿处的任何物质，如沙子或粪便。然后用毛巾或吹风机吹干该区域，并保持足部干燥。

湿的物质进入引起愈合组织的浸渍会阻止愈合，可以通过短时间穿靴子或在伤口上使用纱布并用强力胶带覆盖来防止污染。此外，在夜间用链子短时间拴住大象可能有助于防止过度污染。聚维酮碘软膏可用于伤口部位。在这些情况下，静脉注射抗生素似乎没有什么效果，但如果蜂窝织炎或足部软组织肿胀的迹象很明显，它们是有用的。温和、定期、卫生的伤口处理似乎是最有效的治疗方法。

对上述病例进行手术的基本原理是需要迅速切除受影响的组织，并允许良好的引流，这样伤口就会二次愈合。使用摆动锯去除楔形趾甲非常迅速，并可以充分地接触受感染的骨骼。P-3与初始切口一起被移除，P-2被剥离。在手术的时候，重要的是要去除所有多余的坏死角质化组织，这可能是一个感染的病灶。

特别设计的靴子可以提供保护以防止污染，并使得绷带可以留在脚上。最初有血液渗进伤口，在24h内形成了一个非常顽固的血块。随着血栓组织的形成，7~10d后出现肉芽组织并逐渐填补缺损，同时角质组织从冠状带区向下生长。使用靴子和绷带防止了伤口的污染。大约14d后在肉芽组织床上可见厚的白色黏液渗出物，它看起来很正常，没有气味。

使用新的伤口护理产品，如海藻酸盐敷料和水凝胶以及其他温和的伤口消融剂，如生理盐水、1%聚维酮碘溶液和otoderm都很有效。术后镇痛对于使象更自由地活动是非常重要的。使用肠外抗生素似乎对术后护理过程的影响最小。如果伤口培养提示有致病菌存在，则可能需要局部或肠外使用抗生素。如果大象处于自由接触的情况下治疗脓肿会更容易。应避免使用抗生素浸渍的骨水泥珠，因为以后很难取出它们。

高质量的预防性足部护理对所有圈养大象都是必不可少的。基材的质量和类型，潮湿的气候，以及让动物长时间站在潮湿的环境下，通常意味着角质组织变得非常柔软。4只脚都应该每天检查1次。

任何过度生长的足垫或趾甲的承重面应修剪掉。任何早期的表面裂缝都应进行修边处理，以清除任何黑色坏死物质，并允许空气穿透，这样厌氧情况将大大改善。同时，重要的是要让这个组织干燥并慢慢变硬，也许可以使用干燥剂。用0.1%～0.5%的洗必泰、1%的聚维酮碘溶液或收敛剂（Copaderm，Bomac实验室有限公司）或科伦坡溶液洗脚是有帮助的。这些溶液有效地消毒脚底，使角质组织能够承受水、粪便和尿液污染的浸渍。治疗后大象应该站在干燥的地面上，这将有助于角质组织的硬化。最后，经验丰富的大象管理人员对预防过程和医疗和外科治疗的成功至关重要。

致谢

感谢Jack Allen、Sandra Forsyth和Colin Dunlop博士的麻醉指导，Walker、Phil Robinson和Wing Tip Wong博士的手术技巧，Jenny Richardson、Gerry Herd和Peter Nicholson博士的放射摄影和放射学技能以及Alahakoon和Kodikara有用的建议。这三家动物园大象管理人员的参与对治疗的成功至关重要，但特别感谢Ian Freeman、Piyasena和Laurie Pond。

延伸阅读

[1] Fowler, M. E. 1993. Footcare in Elephants. In *Zoo and Wild Animal Medicine: Current Therapy*, 3d ed., edited by M. E. Fowler, pp. 448-453. Philadelphia: W. B. Saunders Company.

[2] Gage L. J., M. E. Fowler, J. R. Pascoe, and D. Blasko. 1997. Surgical Removal of Infected Phalanges from an Asian Elephant *(Elephas maximus). Journal of Zoo and Wildlife Medicine.* 28(2):208-211.

[3] Houck, R. 1993. Veterinary Care of Performg Elephants. In *Zoo and Wild Animal Medicine: urrent Therapy*, 3d ed., edited by M. E. Fowler, pp. 147-148. Philadelphia: W. B. Saunders Company.

[4] Mikota, S. K., E. L. Sargent, and G. S. Ranglack. 1994. *Medical Management of the Elephant.* West Bloomfield, Michigan: Indira Publishing house.

第 23 章	保护性接触雄性亚洲象的术前调理和术后治疗

罗伯特·卡姆

引言

1992年9月，一头名叫格涅沙（Ganesha）的雄性亚洲象从迈阿密大都会动物园搬到了卡尔加里。当时，他11岁，肩高2.7m，体重约4000kg。在这只美丽的长牙象成为卡尔加里动物园的居民后不久，动物园决定对它采取限制性接触和保护性接触的方式，而不是对我们的母象采用自由接触的方式。在接下来的一年里，所有的饲养维护过程都在我们的大象约束性保护装置中完成。1994年1月，我们开始有针对性地训练他在压缩装置之外完成同样的过程。所有的足部和皮肤护理、采血和沐浴过程现在都是通过有保护性接触来完成的。

在卡尔加里动物园，我们相信这3种方法都是必要的，大象自己会决定哪一种对它们和它们的饲养员来说是最好的。人们脑海中不断浮现的一个问题是："一个系统会比另一个系统提供更好的照顾和关注吗？"当格涅沙被诊断出患有慢性足部疾病时，这个问题当然出现在我们的脑海里。我们有责任确保像格涅沙这样危险的、保护性接触的动物得到与我们自由接触的母象同样的医疗保健机会。当兽医决定手术是格涅沙的唯一选择时，我们没有

意识到这将开始一段为期两年的术前调教和术后治疗，这将压倒我们所有人。然而，我们所获得的知识和经验对我们的职业发展是无价的。

问题的进展

病灶最初是在格涅沙的左前脚底部发现的一个软点。在雌象身上看到了我们认为类似的问题，我们觉得只要简单地打孔就能解决病灶。当这个直径约1in的软点再次出现时，它没有变硬，而是保持了海绵状的稠度。随着时间的推移，趾甲软区上方的角质层开始出现问题。趾甲开始裂开，角质层上方的组织出现了溃疡，当我们给格涅沙做足部清洁或修剪时，这让他感到非常不舒服。有时，他不会把脚伸给我们，因为他知道这样会很疼。

X线摄影

1996年4月，兽医决定给他的脚拍X线片，以确定确切的问题。这个时候，格涅沙已经习惯了通过防护网墙上的一扇门来处理他的脚，这扇门宽15in，高36in。我们在同一扇门拍X线片。我们做的第一件事是设计一个更大更平的脚架，这样他的整个脚就可以和地面平齐了。由于射线照相

底板是昂贵的设备，我们不想让格涅沙有机会将其搞坏，这正是他的性格。为了防止这种情况，他习惯于把脚伸出来，放在一块3/4in厚的胶合板上，这块胶合板被切割成和X线片一样的大小。因为门的宽度只能让他的脚伸出来，所以他必须先把脚往后缩，才能用鼻子抓住门，如果他尝试搞破坏的话，这就给了我们很多时间来移除假的X线片。他真正喜欢做的是把那块胶合板搬到架子边上，然后用脚把它踩碎。当他这样做时，就像其他条件反射过程一样，我们会结束治疗并离开。最后，他明白了，如果他想要引起我们的注意和他最喜欢的食物，他必须完全合作。一旦他对这块胶合板产生了敬意，不再试图踩碎它，我们就用真正的X线片代替它。1996年4月，我们获得了他患病脚趾的第一张X线片。随着我们继续进行定期的治疗，这变成了例行公事，很快他就欣然接受了。这似乎是所有调教过程的秘密。对他的脚所做的操作如果他不喜欢，我们会重复很多次，直到他喜欢为止。不幸的是，每次X线片都显示足部感染区域在不断扩大。

左前脚左起第二趾是感染区域，而且它的第二趾骨正在慢慢被吞噬。医生决定手术必须在1996年9月中旬，也就是暑期课程结束后进行。我们很快意识到术前训练和调教将远远超出常规的饲养过程。我们也知道如果不能让格涅沙在他必须忍受的所有痛苦的术后治疗中合作，那么成功的手术将毫无意义。

橡胶地板的安装

1996年2月，大象围场的橡胶地板上级获得批准。现在大家急着要决定橡胶的类型和厚度。我们觉得这将是格涅沙术后隔离和疼痛的缓冲剂。通过不同的线索和接触，我们找到了一家大型石油公司，该公司在阿尔伯塔省北部的焦油砂作业中使用了大量的橡胶输送带材料。在向他们解释了格涅沙的故事后，他们提出免费将43 000lb未使用的皮带橡胶送到卡尔加里动物园。这些橡胶带成卷地运到，宽6~8ft，每隔1/2in就用电线加固一次。一块长1ft，宽6ft，重约200lb，厚1.5in。我们需要山猫和推土机来安装它，一旦到位，它就很好地达到了我们的目的。

为注射抗生素用的压缩装置

对格涅沙来说，大象压缩装置定期收缩是相当常规的，但通常这是为了积极地治疗，比如擦洗和洗澡。现在每天交替的在两侧髋部注射抗生素。这对格涅沙来说就不那么有趣了，因为一旦我们开始一系列的注射，他就会在每天的同一时间接受注射，没有任何拒绝的余地。一旦我们选择了最方便的场景，我们就会坚持下去：挤压他、桥接、奖励他、然后重新挤压他。此过程很快就加上用我们的拳头或踝关节猛击臀部，这是必要的，否则注射抗生素时他就会在注射部位感到不适。最后一步是在他被束缚的时候用针扎他。为此，选择了一根1in、16号的针，并在日常工作中使用。这是一个非常敏感的过程，所以适当的桥接和奖励是至关重要的。我们还必须确保他不会被挤压太久。注射完成后，我们会立即打开压缩装置。如果我们让这些环节尽可能地顺利，这对我们来说是需要练习的，他很快就不会意识到他被戳了。这些练习一直持续到术前两周，才开始注射抗生素。

为治疗进行的训练

格涅沙的所有治疗、X线摄影、包扎和靴子的应用都是通过为他修建的足部护理防护门进行的。足部护理达到这一点，对他来说要求并不高。这更像是一个愉快、放松的时刻，或者是和饲养员一起度过的安静时光。一切都变了，当我们要求他把脚展示出来让他接受治疗时，我们不得不骚扰他达到他不耐烦的程度，有时甚至会激怒他。此时把握好桥接和奖励的时机变得很重要。如果他把脚拉回来了，我们给他一次重新呈现的机会。否则我们就结束操作，走出房间。因为他越来越喜欢和饲养员在一起，这似乎是保持纪律和适当反应的最好方法。然而当进行实际的术后治疗时，我们意识到这种方法是不切实际和难以忍受的。我们必须向他灌输这些痛苦的过程将成为他未来几个月生活的一部分。他很快意识到如果他想留住饲养员，每天给他提供食物，他就必须忍受一些严重的不适。我们希望这能陪伴他度过术后的关键时刻。术后的治疗可能会持续1h或更长时间，这比格涅沙在术前调教期间的合作所需的时间更长。正因为如此，我们努力延长他的合作时间，并在这些操作中制造更多的不适。为了帮助他脱敏，通常我们会以任何可能的方式制造烦恼，用训象刺棒挠他的脚，用拳头猛击他。基本上我们是在训练他时让他能够承受足部的剧烈疼痛。

绷带的使用

术后，格涅沙的脚需要在切口处缠上保护性绷带，他还必须穿上防护靴以确保他不会破坏绷带。绷带和靴子必须一天24h都戴着。另一调教正在进行中，脚上缠绷带并不疼，这只是他心里的一种讨厌的东西、一种需要探索的新感觉。在这个过程中他最喜欢的游戏是把他部分包扎的脚拉回来，撕开胶带和纱布，然后吃它。我们必须再一次回到基础性调教。我们从小块的管道胶带开始，把它们贴在他脚和腿的不同部位。如果他把脚往后拉，撕下胶带吃了它，我们就会再次结束治疗，拿走他的草食块，然后走开。很快他就知道胶带的味道远不如对他的款待一样好，于是他允许我们用整条绷带包扎。尽管他让我们有机会给他包扎，但我们没有期待放开他后会把这个笨重的东西留在脚上。下一步是设计一个保护靴，以确保绷带能固定在原处。

靴子

靴子必须足够耐用，能够承受一头公象对它的所有惩罚。一旦穿上他就没法把它移除。它必须合身，可以安全地脱下和穿上。我们面临的最大挑战之一是找到一家愿意为此投入必要时间和奉献的公司。我们联系了很多人，很多人认为这是一项值得的冒险，但无法给予我们所需的奉献精神。最后，我们发现了一家当地的帐篷和遮阳篷企业，他们同意承担这项责任。

我们认为靴子应该像拖鞋一样打开和捆绑。我们选择安全带扣作为紧固装置，方便打开和关闭。为了准备合适的鞋子，他的脚从趾甲底部一直到膝盖都用管道胶带做成了木乃伊。然后用刀从后面撕开胶带，小心翼翼地取出来，作为第一个模型呈现给制造商。为了得到他足垫的精确尺寸，我们让格涅沙踩在一块硬纸板上，然后绕着它画出轮廓。每只靴子用3块0.6cm厚的输送机橡胶带来制作鞋底的底和面。我们最初订了3只靴子，每只900美元。我们在制造者那里来回跑了几趟，反复试验，反复修改，反复缝补，最后才做出了一只能承受公象破坏的靴子。

靴子的调节

现在必须调教格涅沙接受他的靴子，并急切地让他穿上。因为靴子很贵，我们不能让他毁掉哪怕一只。训练过程包括让格涅沙习惯穿笨重、不自然的靴子。整个过程创造了一种非常有利于格涅沙喜欢玩的游戏类型的氛围。主要是抓住他能抓住的东西，然后要么吃掉它，要么撕开它，或者两者兼而有之。

这再次给他的脚带来新问题。首先

我们用脚链在他的腿上上下移动，但不固定，同时用手在他的腿后面揉擦，以使其适应固定在靴子上的鞋扣。他的脚已经很多年没有戴过脚链了，所以基本上就像戴着脚链重新开始一样。如果他把脚往后拉，关键是我们的手不能放在他的腿后面，因为这很容易被困住而挤在门框上。很快我们就能把脚环扣上，他只穿一小段时间。我们发现在他允许我们取下它的时候，桥接并奖励他和让他戴上它一样有价值。我们不想让他认为一个过程比另一个更重要。一旦他习惯了这条链子，我们就把它和管道胶带结合起来，这样他就可以一次体验到不止一种独特的感觉。手术后他会经历一些痛苦，而其他的经历只会让他好奇我们在做什么。我们必须让他适应手术后会经历的一切。

带安全带的脚带

我们的下一步是用一个更接近于模拟靴子的装置来调教他。为了实现这个目标，我们制作了一条12in宽的帆布带。需要两个带扣的安全带以便将帆布带固定在后面。它是由与人造靴子相同的材料制成的。一旦帆布带系在他的腿上，他就无法将其取下。问题是在他的脚缩回之前我们没有足够的时间把帆布带绕在他的腿上并扣好两个搭扣。尽管他已经适应了很长一段时间，但每次我们引入一些稍微不同的东西时，他都有一种冲动，想要停下来看看。如果有一条帆布带没系好，当他缩回时，他肯定会用鼻子把帆布带扯下来并毁掉它。为了防止这种情况发生，在调教过程中我们在帆布带的前部附加了一个O形圈，从这个O形圈通过一个卡口将帆布带固定在位于饲养员区域的脚通道门后约8英尺处的墙上的一个锚上。这条绳子刚好够到入口门，但不够长，不能让格涅沙把帆布带拉进去。这给我们提供了操纵他脚上的帆布带的机会。我们让帆布带在他的腿上移动，把扣扣在一起，基本上使他的脚对这个笨重的带子不敏感了。我们什么都做了，就是没有把它固定和扣紧，因为如果他往后拉，绳子、O形圈和扣就会掉下来。这种方法给了我们自由和方便，以确保格涅沙完全习惯于在腿上穿脱帆布带，而不必担心失去一件昂贵的设备。如果他想把脚挪进围栏，绳子上的附件使得帆布带很难跟着它走。当格涅沙缩回他的脚时他很快意识到帆布带会留在我们这边，这使他不那么有趣和兴奋。对他来说，没有奖励、没有美食、没有帆布带可玩和撕扯。一旦他失去了对帆布带的兴趣，并且没有表现出娱乐的迹象，这实际上是系上帆布带和扣紧搭扣的时候了。我们一这么做，格涅沙就得到了慷慨的奖励。当他变得更愿意允许我们拆除和使用帆布带时，我们开始在一次操作流程中重复这个过程几次。他也因为允许我们移除帆布带而得到了慷慨的奖励。现在格涅沙已经习惯了我们想对他的脚做的一切。O形圈和锚构件在随后进行的非常类似的靴子安装作业中非常有价值。同样，如果在没有我们的指令下将脚挪回围栏内，我们就会让他中

场休息，这意味着我们会突然结束操作流程，拿走所有的干草和食物，结束口头交流，关灯并走出房间，离开他的视野大约15min。我们知道这在实际的术后治疗中是不可能的，所以我们必须尽可能严格地进行术前调教。这种心理几乎一直起作用，可能是因为他很享受我们的存在和关注，似乎很期待训练课程。

事实上，他期待着与我们一起度过的时光，这是我们能够真正依赖的，使整个过程得以成功。我们小心翼翼地不让他退出这个节目。在保护性接触训练中，没有提高你的声音，没有大喊"不！"，也没有因为他刚吃了一只昂贵的靴子而跳进围栏去训斥他，只有耐心和鼓励。通过积极的方法用来获得合作，错误的行为从来不会被认为是一件大事。虽然有时候很难，最好还是忽略他的滑稽动作，不要参与其中。他似乎很喜欢惹我们生气，如果我们对他表现出这种感觉，那我们就一事无成。如果我们生气了，这是另一个结束游戏的好理由，当我们冷静下来后再继续。

安装靴子

当第一双靴子终于来到时，这不仅仅是把他的脚插进去然后松开的问题。绑带和搭扣必须调整长短和松紧，还要做其他改动。出于这个原因，一个类似于用脚带调节他的过程被用来适应靴子。我们再次在靴子前部安装O形圈，并将其锚定在我们身后的墙上。训练过程和调节皮带的过程是一样的。这需要耐心：一步一步地取得进展，

应用桥接和奖励系统，直到能扣上所有3个搭扣。

靴子就位并系紧后，我们发现它从来都不完美，也不够紧。这可能是因为它必须把脚从门里抬出来，并向我们伸出来，脚必须有一定的角度，并且膝盖弯曲。此外，由于大象的前脚几乎是圆的，我们面临的问题是靴子旋转180°，这会暴露绷带和感染的脚趾。使得靴子的设计毫无用处。为了防止这个问题发生，我们用了大量的管道胶带把靴子粘在他的腿上。靴子不再旋转，但最终胶带在他的皮肤上造成了轻微的伤口。然而，这是两害相权取其轻，因为主要的问题是确保术后切口区域不会进一步感染。

发情期狂暴的共同影响　由于格涅沙只有17岁，他现在才刚刚开始进入完全的发情期狂暴。他确实有我们所说的轻度发情期狂暴，这似乎是由3个雌象中的一个进入发情所引发的。通常只持续1周左右，但在术前和术后的处理过程中肯定要遇到好几次。此时他对脚痛的忍受能力要低得多。此外，在绷带和靴子的使用和拆除过程中，他的合作意愿也大大减少了。在治疗、清洁和冲洗伤口的关键时刻，他会在我们给他包扎的时候把伤口拉回来。如果发生这种情况，他通常会撕下绷带并吃掉它。这意味着从头开始的清理过程。我们发现用薄荷糖作为零食，而不是用它经常喜欢的草食颗粒或水果片，有时能帮助我们延长他的注意力，并让我们完成整个治疗过程。在发情期间，格涅沙的食欲总是减少，所以对他来说获得常规食物的奖励并不总是重要的。在这段时间里薄荷糖的味道似乎很管用，鼓励其有了更好的合作。尽管有这些具有挑战性的事件，但全年只有2~3次的类似治疗无法完成。

手术及术后

手术的那一天终于到来的时候，我们觉得就调教过程而言我们只准备了一半。正如有人所说："现在球在我们的场上了"。如果我们没有很好地训练他，让它在即将到来的痛苦治疗中如何配合呢？如果它毁了自己的靴子呢？甚至如果它因为太痛了，不愿意把它的脚给我们怎么办？在漫长而乏味的手术过程中，所有这些问题甚至更多的问题在我们的脑海中闪过好几次。事实上一旦手术结束就没有更多的时间进行调教，没有更多的试验和错误，也没有时间在他不合作的时候暂停。他每次都要积极配合。我们知道，如果他不这样做，他的切口将得不到适当的护理，感染无疑会发生，他很可能会死亡。

在前几次成功地治疗和更换靴子后，我们变得非常兴奋和积极。我们认识到我们的努力没有白费。有时格涅沙会把他的脚伸给我们做个鬼脸，因为痛得太厉害了，但他没有把脚缩回来。也许他知道我们想帮他。随着时间的推移，换鞋仪式成为卡尔加里人和媒体众所周知的仪式。我们动物园一直实行门户开放政策，人们定期进来观看治疗过程和换靴子。我们觉得让格涅沙习惯在陌生人在场时做出积极的反应是很重要的。我们还希望我们城市的市民能体会到我们对公象的感受，并了解我们为治疗一头脚感染的大象所付出的努力。

第二次手术

格涅沙忍受了整整一年的不便，直到医生确定他的问题还没有好转，需要进行第二次手术。然而到这个时候，治疗已经成为他生活中的常规部分。基本上不管我们是否意识到，我们花了整整一年的时间为他的第二次手术做准备。这一次，我们对自己的能力更有信心了，兽医们也很清楚第二次手术中明确必须做什么以帮助格涅沙的愈合过程开始。从那以后，这只是我们和格涅沙在过去一年里一直在做的事情。随着治疗的进展和疗程的缩短，格涅沙变得很生气，因为他想让疗程延长。

总是有可能再次出现或发展新的足部问题，所以我们仍然定期拍摄X线片来监测骨骼和愈合的进展。然而我们对他上次术后取得的进展感到满意和积极。17个月来，兽医工作人员第一次发现没有必要每天都去治疗，但他们允许饲养员每隔一天清理一次病灶。很快，卡尔加里动物园大象馆的一切都会恢复正常。

结论

如果一个动物园要为这个物种的生存做出贡献，我们就必须尽可能地了解不同的管理技术能做到什么，不能做到什么。我们觉得我们的培训过程是有价值的，到目前为止是成功的。一头5000kg重、有潜在危险的公象已经习惯于对严重痛苦的治疗做出反应，而且现在它愿意这样做，这让我们感到惊讶。毫无疑问，我们的公象在保护性接触的情况下将得到与我们自由接触的母象同样的健康问题的照顾和关注。作为专业的动物饲养员，我们有一个独特的机会来更好地了解这种美丽、威严和聪明的动物的思想。

格涅沙仍然会收到来自公众的卡片和信件，表达他们的兴趣和关心。各媒体记者仍在对他的恢复和康复情况进行询问和更新。在这段艰难的时光里，格涅沙结交了很多朋友，卡尔加里动物园也因为我们对这只伟大动物的奉献和奉献而赢得了全国人民的尊重。

第24章　亚洲象趾骨慢性感染的外科治疗

罗伯特·M.库珀，维尔吉妮娅·L.霍尼曼，丹尼尔·A.弗伦奇

引言

本章描述了16岁雄性亚洲象左前脚慢性感染的手术治疗。影像学证据显示波及第二趾的第二趾骨的进展性骨髓炎，最初建议进行手术。为了处理感染进行了二次手术。第一次采用正面手术通路，清除腔道并暴露第二趾骨。术后感染抑制了感染的完全消退。14个月后进行第二次手术，清除病灶并切除部分感染的第二趾骨。第二次手术通路是通过趾甲上方的切口，以方便进入趾骨，便于对第二趾骨的远端1/3进行整体切除。此外再次清除正面的腔道。手术本身可以认为是成功的，解决了手术通路、技术和术后的难题，但在这两种情况下术后并发症延迟了愈合。在撰写本文时，第二趾骨的感染似乎已经得到解决。

病例报告

大象7岁时首次发现左前脚感染。这种情况和随后的一些其他感染对各种局部治疗有反应。14岁时脚发生了更慢性的感染，包括正面缺损，并伴有甲床炎和甲沟炎。使用迷你X线300（美国伊利诺伊州Evans顿迷你X线机公司），辅助使用造影剂三碘三酰苯300（加拿大安大略省马卡姆赛诺/菲温斯洛普公司）对患者的病情进行放射评估。超声检查没有意义。正在进行的积极治疗包括根据培养和药敏，结合抗生素的冲洗没有效果。当影像学显示溶骨性感染进展到第二趾骨时，需要进行手术治疗。

大象站在保护性压缩装置中，肌注卡芬太尼（加拿大卡兰德野生动物制药公司）和龙朋（加拿大安大略省怡多可谷农业部动物健康部门迈尔斯公司）诱导。在桥式起重机和吊机的帮助下，他被安置在气垫系统（国际大型起重机气垫系统公司）的右侧卧。用异氟醚（加拿大魁北克省圣罗兰雅培实验室有限公司）持续气麻和补充卡芬太尼。

手术准备后，通过正面通路探查腔道。用蹄刀削去脚底，然后手术切除一块2cm×2cm的坏死组织块，以便观察腔道。采用钝性和锐性分离相结合进一步清创，使第二趾骨的内侧表面可见。第二趾骨的粗糙区域使用刮骨器刮平。进一步检查没有发现任何腔道或坏死组织。止血效果很好，似乎是通过将腿抬高到心脏以上来实现的。用无菌液体反复冲洗该区域，然后用3个直径约为1cm的抗生素浸渍的聚甲基丙烯酸酯微球填充［头孢噻呋4g（加拿大

安大略省奥兰治维尔市动物卫生部门厄普约翰公司）与聚甲基丙烯酸酯40g作为微球组成〕。包扎该区域并用定制的防护靴覆盖。使用盐酸纳曲酮（加拿大野生动物药物公司）苏醒。根据培养和药敏，在术前和术后用头孢噻呋进行全身抗生素治疗。

随访治疗发现分泌物增加，术后10d去除微珠时培养分泌物，发现纯粹是假单胞菌生长。在接下来的12个月里，病灶采用多种方法治疗，包括消毒剂和抗生素冲洗、药膏、局灶清创术（包括在趾甲上方放置引流管以便于冲洗）和其他局部治疗。虽然看起来有缓慢而稳定的改善，但术后一年病灶再次破裂，X线片显示进一步的骨质恶化迹象。

计划进行第二次手术以更积极地探查该部位。诱导和术前准备与第一次手术时描述的一样。手术路径包括在患病趾甲上方的中线处用60号刀片做约15cm的切口。出血很少，如前所述与腿高于心脏有关。用刀片向下切开至第二趾骨，深约10cm。使用定制的"象皮牵开器"实现组织的牵拉，使该部位充分可视。在第二趾骨上发现坏死腔道和坏死囊。用钝性分离和刮除术去除病料，用大骨气动骨锯切除远端1/3的趾骨，用生理盐水灌注该部位，并通过抽吸除去多余的液体。骨头被分成3块以便取出。外侧是受感染最明显的部分，比基本未受感染的内侧部分更容易切除。需要骨切开术和锤子来完成第二趾骨的整体切除，这块骨长8.5cm（外侧部分被认为是受感染的部分），非感染端宽1cm，感染端宽3.5cm，非感染端深2cm，感染端深4cm。组

织学检查未发现脓毒症，仅为单一的骨感染，以及周围软组织的炎性反应。用剪刀和手术刀刮除第二、第三趾骨间剩余的滑膜组织。第二个明显的腔道从冠状带的水平位置穿过脚底。使用蹄刀、刮刀、手术刀和剪刀的组合分离和清除腔道，其方式类似于在马手术中使用的"街头钉"式过程。使用头孢噻呋浸透纱布促进清创，并有助于封闭腔道。

这些部位在高压下注入头孢噻呋。注射20mL利多卡因，但由于组织的密度大部分仍留在表面。给予酮洛芬用于术后镇痛。这片区域布满了5条细长的浸透了头孢噻呋的纱布，还有一条从头到尾贯通的引流管。上面覆盖纱布和尿布，然后常规包扎，包括定制的保护靴。根据目前的培养敏感性，再次使用头孢噻呋作为术后抗生素。术后治疗再次出现大量的分泌物，这抑制了组织的愈合。培养结果经常显示没有微生物或混合的植物群。病灶已缓慢消退，此时无骨受波及的进展。

结论

对大象足部问题骨骼相关变化的手术干预应被视为治疗的一种选择。以团队为导向的方法来组织工作是必不可少的。在这种情况下，通过将腿抬高到心脏水平以上，实现充分的止血，并适当地暴露手术部位，在这种情况下通过使用定制的牵开器可以方便地进行手术。该病例的处理面临的主要挑战是术后并发症和相关炎症组织的产生与排出。

第 25 章　雌性亚洲象趾骨骨髓炎的外科治疗

米奇·芬尼根，马戈·蒙蒂

引言

一头长期圈养的44岁雌性亚洲象被诊断为趾骨骨髓炎，其病因是左前第四趾趾甲桡侧面慢性溃疡性病灶的扩展。在16个月的过程中，病灶使用矫正趾甲/脚底修剪的治疗；局部、口服和肠外用药，还有两次外科清创。尽管进行了治疗，但感染仍在继续发展，引起指屈肌腱腱鞘炎和趾垫瘘，最终导致安乐死。先前的损伤导致右肘强直，被认为是导致病灶发展并使治疗复杂化的原因。本章讨论了对该案例的医疗和手术管理，以及利用该案例作为教育公众了解圈养大象所面临的挑战。

病史

贝尔（Belle）是一头44岁的亚洲象，1952年出生于泰国。1961年幼崽的它被进口到美国来到俄勒冈动物园。1962年4月，它生下了她的第一只也是唯一一只幼崽，并很快成为波特兰象群的"女族长"。

1983年4月，贝尔在与另外两头大象的领地争斗中，右肘受伤，但没有确诊。在接下来的7年里，尽管口服和注射了非甾体抗炎药、多磺酸糖胺聚糖、麻醉剂和局部DMSO的治疗，它的跛行持续存在，右肘活动范围逐步下降。1990年5月，它的右肘似乎完全僵硬。在大步走的起始阶段，它通过外展和摆动右前肢以逆时针的弧线行走。此后再没有人看见她躺下。

1994年3月，左前脚第一趾和第二趾的趾甲之间以及第四、第五趾之间首先出现肿胀和发炎，几周后由于相邻趾甲相互碰擦，这些区域被清除。在接下来的一年里，第四和第五趾之间的溃疡病灶向远端和内侧扩展，围绕第四趾趾甲的外侧边缘延伸到正面。此间对病灶进行矫正修整，并依次使用各种局部药物治疗，包括环烷酸铜、醋酸锌、磺胺嘧啶银、三重抗生素软膏、硫酸铜、龙胆紫、氯曲唑和硝酸银。

从病灶的正面沿甲层近端打开感染腔并在角质层处暴露，这样趾甲侧面的大部分被破坏和清除。1994年3月的X线片显示没有骨骼异常。动物用布托啡诺镇静，并尝试更深的清创。为了尽可能保持伤口干净，它的两只前脚都穿了皮凉鞋。治疗继续外用聚维酮碘和间歇注射普鲁卡因和苄星青霉素。

1996年4月，X线片再次显示骨骼没有波及。治疗继续使用局部药物和间歇性全身抗生素，直到1996年11月，当时X线片显示第四趾P-3断裂。用氯己定泡脚，并给予各种局部药物及全身普鲁卡因和苄星青霉素。细菌培养发现非溶血性链球菌和凝血阴性葡萄球菌。

1996年12月，X线片显示第四趾P-2远端开裂。镇静下的清创更加彻底，并使用放射性手术刀建立正向引流。多次细菌培养培养出摩根氏菌、假诺氏菌、克雷伯氏菌、肠杆菌和变形杆菌。为了监测肢体肿胀，开始记录足部近端几个地方的肢体周长。

在这一点上，外科手术是第一次考虑，动物园的媒体联络员被告知贝尔的病情的严重性。关于贝尔病情的第一批新闻报道被印刷和广播，重点是公众教育和病情更新。从加州大学戴维斯分校兽医学院请来了动物园医学和外科专家作为顾问。专家们建议在第一趾骨P-3水平处截肢。

咨询过程中确定了几个重要的手术障碍和潜在的禁忌证。贝尔的肘部僵硬使她无法独自躺下。需要一种使她侧卧的手术方法。它右肘的完整性有问题。我们认为术后对该关节施加的压力增加可能导致关节失稳。最后，由于过去她的臼齿更替很快，贝尔戴上了她的第六副义齿。

一家起重机供应公司捐赠并安装了一台液压控制的重型架空绞车，安装在象舍的架空轨道上。一家吊马索制造商制作并捐赠给动物园一个定制的吊马索。一家水床制造商设计并捐赠了一个装满水的大床垫作为手术床。

对右肘部进行X线摄影，证实关节完全闭合，关节间有坚实的骨桥。当地一家人医医院捐赠了一台血气分析仪用于手术。关于贝尔的病情和即将进行的手术的新闻报道被定期印刷和播出。报纸记者发表了一些文章，描绘了在贝尔被吊起来时对她进行麻醉的计划，将她吊离地面，然后将她旋转成右侧平躺在水床上。

1996年3月19日所有要素都集中在了一起。6名兽医、1名医生、3名动物保健技术人员、5名饲养员和其他7人参加了手术。起重机供应公司、水床公司和吊索公司的代表都在现场解决他们为手术提供的设备的任何问题。贝尔已经适应了吊带，在用吊带时使用埃托啡麻醉，吊带连接在架空绞车上，绳子连接到她的腿上，当她躺在放气的水床上时，用绳子将她翻转成右侧侧卧。插管时，床上装满了温水，开始使用异氟烷气体麻醉，并连接到监测设备（心电图、脉搏血氧仪、末潮汐二氧化碳）。

在印刷和广播媒体的参与下，外科医生通过脚趾背侧的倒T形切口成功地在P-1远端切除了脚趾。外科医生尽其所能清理深层组织。由于不受控制地出血，能见度很低。用抗生素浸渍骨水泥涂抹伤口。故意不缝合伤口，让伤口愈合。整个脚都用无菌绷带包扎起来。动物被从水床上抬起来，翻转至站立位后用吊索和绞车支撑，直到麻醉几乎完全恢复。

术后的几天里贝尔每天都要更换绷带，为了保护绷带，她一直穿着凉鞋，并注射抗生素。术后2周开始长出肉芽，但X线片显示P-1远端开裂。细菌培养结果为假单胞菌纯培养。取出抗生素浸渍的骨水泥，在镇静和局部麻醉下清理伤口和P-1远端。一周后的X线片显示P-1远端有很大的骨截骨。抗生素改为静脉注射替卡西林（羟基噻吩青霉素）和克拉维酸。超过1.5升的浆液从掌骨近端掌侧取出。贝尔的胃口很差。术后它瘦了200多千克。

4月22日贝尔再次被麻醉。计划在第四掌骨远端进行截肢。重复相同的麻醉过程，外科医生切除剩余的P-1和第四掌骨远端及其相关的籽骨。一旦这些结构被移除，借助改进的止血带，在趾垫和浅、深屈肌腱中发现感染腔道。这些腔道可以被追踪到掌骨近端掌侧，在那里浆液已被排干。

由于与屈肌腱及其相关鞘和趾垫感染相关的预后不良，我们决定在麻醉状态下对贝尔实施安乐死。

结论

许多圈养大象都有围绕脚护理的传统。圈养象的感染性足部问题相对常见，在圈养亚洲象中可能比圈养非洲象更为普遍和严重。

亚洲象的感染性足部病灶最初表现为前肢主要承重脚趾（第三和第四）的正面溃疡。感染常沿着近侧的甲板传播，并在受感染趾甲近端边缘的冠状带（角质层）处破溃。病程较长，复发率高。偶尔波及邻近的深部、软组织结构和骨骼。

许多因素可能导致大象足部病灶的发展和持续存在，包括肥胖、并发骨科疾病、内分泌功能障碍、长时间接触硬地板和/或长期潮湿环境、营养不良、不卫生的饲养方法导致环境细菌数量高、真菌感染、创伤、长期不活动导致血液循环不良。

趾甲感染、瘘管的治疗因机构而异，但通常包括矫正修剪/浅表清创和局部消毒剂或抗生素的应用。管理圈养大象的目标之一应该是预防足部病灶。其中应探讨的以减少足部疾病发生的管理方法是：训练饲养员定期进行适当的足部修剪；制订大象锻炼计划，鼓励大象活动，降低肥胖发生率；并对饲养管理进行改革，以限制动物站在水泥地面上的时间。

虽然本病例中出现的动物没有在足部感染中存活，但该病例说明了几个要点。专家的参与为该病例的管理带来了专业知识和经验，并大大提高了我们能够提供的护理水平；主动的信息管理方法，而不是被动的方法，在几个方面对动物园都很有效；公众对大象的认知提高了，对贝尔的支持和同情不断上升，使公众团结在动物园拯救她的努力背后。为了帮助动物园的工作，捐款和物资来自美国各地。人们对大象足部护理重要性的认识不断提高，动物园的足部护理过程也在进行改革。我们的目标是再也不让贝尔这样的案子发生了。

第五部分

大象的抗生素使用与剂量

第 26 章　确定抗生素及其剂量

杰克·莫滕松

引言

北美动物园中圈养大象的足部问题被认为是一个重要的健康问题，但没有关于它们普遍存在的记录。足部的各种病理状况有多种病因，这些病因通常被认为是诱因，包括基材类型、湿度、足部预防性护理的程度、活动水平以及接触尿液和粪便的程度。当出现足部护理问题时，兽医和大象护理人员通常会使用抗生素和抗炎药，并结合矫正修剪、泡脚、手术切除和上述饲养因素的调整。

由于缺乏相关药理学研究，兽医很难为大象选择合适的药物和剂量。为了获得安全、可靠和有效的临床用药结果，需要为每种药物和可能的每种物种建立治疗反应曲线或血药浓度谱。关于药代动力学研究的报道很少，而且研究结果通常是基于少量的大象。有一些证据表明非洲象与亚洲象可能存在物种差异，但这并没有得到很好的记录（Page等，1991）。由于难以获得准确的药代动力学信息，动物园兽医通常根据对牛和马的有效性来选择药物剂量和频率。通过使用牲畜剂量，剂量和治疗错误的可能性随着治疗动物之间体重差异的增加而增加（Sedgwick，1993）。目前缺乏为大象提供适当治疗而不产生毒性所需的剂量和治疗频率的知识。

本章总结了目前北美动物园兽医对亚洲象和非洲象使用的抗生素和抗炎药，讨论了代谢缩放尝试，并回顾了以前对大象进行的药代动力学研究。

目前动物园的剂量

对美国40家拥有两头或更多大象的动物园进行了一项非正式调查，以确定动物园兽医目前如何对非洲象和亚洲象使用抗生素和抗炎药。从27个回应的动物园中，确定了最常用药物的中位数剂量和用药频率（表26.1）。被调查对象中14家养了非洲象，13家养了亚洲象。虽然调查中没有要求患者的年龄，但假设报告的剂量主要反映了成年大象的使用情况。

庆大霉素、恩诺沙星、异烟肼、磺胺二甲氧嘧啶（美国新泽西州罗氏公司）、多磺酸糖胺聚糖（美国纽约Luitpold制药公司）、糖胺聚糖增强剂（美国马里兰州Nutramax实验室公司）、对乙酰氨基酚、阿司匹林、布托啡诺和酮替芬的剂量也在调查中报告，但每种药物只有一名调查对象。这些不包括在比较中。

代谢比例

虽然通过测定一种药物的血清浓度来监测治疗是困难的，但可以通过代谢或异速缩放来推断大小差异极大的物种之间的治疗方案。药物代谢动力学参数的代谢标度原则是基于各种大小动物生理过程的既定标度。在胎盘哺乳动物、有袋哺乳动物、雀形目鸟类、非雀形目鸟类和爬行动物等五大动物类群中，代谢率与体型之间存在直接关系。

许多生物参数已被测量，并证明与体重呈对数线性关系。一些例子包括心输出量、毛细血管密度、肾滤过率和耗氧量（Schmidt-Nielsen，1984）。药物的代谢比例是根据体重换算成代谢大小。药物的摄取、分布和消除取决于生理过程，这些生理过程是异速扩展的（Calder，1984；Schmidt-Nielsen，1984；Peters，1987）。这个概念在人医中已经被普遍使用了30多年，最近在兽医营养和抗肿瘤药物的管理中也被广泛使用。其他作者描述了代谢比

例计算工作表，我建议读者参考Sedgwick（1993）、Sedgwick和Borkowski（1996）的。根据这些公式，我计算了特定最小能源成本（SMEC），以马为模型物种，参照马和牛的剂量，得到体重为3200kg大象的剂量和治疗间隔。由于没有确定的马用土霉素肌注剂量，因此将牛作为模型物种，并作为剂量和用药频率的比较点（表26.1）。

药代学研究　关于总共38头大象使用抗生素的8份已发表报告以及Page（1994）和Olsen（1999）的全面调查，没有发表的关于大象使用抗炎药的研究，目前使用的剂量是经验得出的（表26.2）。

Devine等（1983）根据对一头2300kg的亚洲象在7h内的血清水平测量，建议每天口服异烟肼1次，剂量为5mg/kg。该剂量与人类医学中用于预防、抗结核治疗的剂量一致。用甲硝唑治疗一头7岁亚洲象感染的象牙（Gulland和Carwardine，1987）。甲硝唑剂量为15mg/kg，每24h1次，连用直肠栓剂10d，观察7d，临床反应良好。使用上述剂

表26.1　抗生素剂量测定的比较（除非另有说明，否则药物剂量以mg/kg单位）

药物名称	动物园兽医的给药方案（mg/kg）	按马推算[a]	代谢比例[b]	药物动力学
阿米卡星	3～5/12～24h	6.6/8h	2.7/40h	6～8/24h
阿莫西林	8～10/12～24h	20～30/12h	15/20h	11/24h
头孢噻呋	0.5/24h	0.5/24h	0.3/40h	None
普鲁卡因青霉素G	22,000/24h	20000/24h	12,000/40h	2500～4500/24～96h
磺胺甲氧苄胺嘧啶	30/12～24h	24/24h	15/40h	22/12h
土霉素	5/48h	20/48～72h[c]	12/78～117h	20/48～72h

a：Plumb（1995）；b：基于3200kg大象的代谢比例剂量；c：牛的剂量

表26.2　消炎药用量测定的比较

药物名称	动物园兽医的给药方案（mg/kg）	马的规定[a]	代谢比例[b]	药物动力学
氟尼辛葡甲胺	1.0/24h	1.1/12～24h	0.7/40h	无
布洛芬	0.5～4/24h	无	无	无
保泰松	1～2/24h	4/12h	2.5/40h	无

a：Plumb，1995；b：以3200kg大象为基础的代谢比例剂量

量获得的血浆浓度与人用药所需的水平相当。

Schmidt（1978）在5头成年亚洲象身上研究了两种抗生素药物。他建议根据细菌的敏感性，青霉素G的剂量为2273～4545IU/kg，每24～96h肌注1次。阿莫西林推荐剂量为11mg/kg，每24h肌注1次；然而仅在给药后12h测量血清浓度。假设血清浓度将保持在足够高的水平，需要在24h内给药，并建议对沙门氏菌和大肠杆菌以外的细菌使用阿莫西林剂量可能远低于11mg/kg。

1头成年亚洲象和3只非洲象（2只幼年象和1只成年象）口服和静脉注射复方磺胺甲噁唑（TMP-SMZ）的吸收和消除率与马的吸收和消除率相当（Page等，1991）。基于这些发现，作者推测大象的代谢缩放剂量可能会使TMP-SMZ的血清浓度低于马源细菌分离物的最低抑制水平。亚洲象和非洲象之间的药代动力学值不同，被认为是由于种间或个体差异。建议TMP-SMZ的平均联合剂量为22mg/kg，每日2次。

Limpoka等（1987）利用六头亚洲象肌注长效土霉素，确认72h内可维持治疗性血清浓度。Bush等（1996）在13头非洲象中确定了长效土霉素的剂量，即肌注或静注

（基于长度和周长）（表26.1），剂量为60～80mg/cm可使血清浓度至少维持48小时。

用3头亚洲象确定每日2次或3次口服氨苄西林8mg/kg的建议剂量（Rosin等，1993），作者建议用阿莫西林代替氨苄西林，以减少药物吸收的变异性，但他们指出，没有研究证实口服氨苄西林的血清水平。

Lodwick等（1994）在5头非洲象体内研究了阿米卡星的药代动力学。基于肌注和静注给药，建议每24h给予推荐剂量6～8mg/kg，肌注。基于最低抑制浓度的代谢比例剂量导致血清浓度水平低于推荐阈值。

讨论

在对大象使用抗生素时，动物园兽医通常使用马的剂量或基于药代动力学研究的剂量。似乎阿米卡星和阿莫西林都在每天2次的基础上使用，尽管研究已经证明在每天1次的治疗计划中有足够的最低抑制浓度（MIC）。虽然阿米卡星是氨基糖苷中肾毒性最小的（Plumb，1995），但它确实有损害肾功能的能力。根据注射后的血液

水平，普鲁卡因青霉素G的给药剂量通常比需要的剂量高几倍。这一点很重要，因为适当的剂量会减少注射的数量和频率，这可能会让大象更合作、更容易接受治疗。很少有动物园兽医调查对象使用口服长效土霉素，但与Limpock等（1987）推荐的剂量相比，剂量相对较低。这可能是由于副作用，包括肌肉坏死、炎症和注射部位疼痛。由于这些原因，Bush等（1996）建议通过留置导管静脉给予土霉素。

甲氧苄啶-磺胺甲噁唑目前每日口服1次或2次。药代动力学研究表明需要每隔12h给药1次。由于该药的适口性差，有可能只使用1d1次的剂量。

代谢标度剂量与基于药代动力学研究的推荐剂量没有很好的相关性。阿莫西林是一个例外，按一个成年大象（3200kg）的剂量计算，这种药物的比例剂量对于幼象或亚成年象来说要大得多。

除了布洛芬，动物园兽医给大象使用的抗生素的剂量与报道中给马使用的剂量接近。没有对布洛芬进行代谢分级，因为没有确定的马剂量。目前尚无关于抗炎药物在大象体内的药代动力学研究的报道。这方面的研究需要允许临床兽医更适当地利用这类药物。与3种消炎药相比，保泰松的使用具有最大的潜在不良副作用（Kadir，1997）。目前，动物园兽医使用保泰松的治疗间隔比代谢缩放法预测的要短得多，如果长期使用可能会对健康造成危害。

基于以小样本量进行的药代动力学研究的结果，似乎代谢比例剂量计算通常过低且治疗间隔过长。造成这种差异的原因可能与以下生物学功能有关：药物的生物转化、心输出量、组织受体位置、血浆蛋白结合率、酶系统、肝脏和肾脏清除以及药物分布。最低限度生物转化的药物在代谢比例剂量下最有可能具有治疗效果。使用马的剂量可能导致过高的药物剂量和频繁的用药频率。此时动物园的兽医并不经常使用代谢比例公式来计算大象的药物剂量，而且许多使用的剂量小于直接给马的剂量。动物园的兽医显然知道需要减少剂量，但他们不知道要减少多少。据报道，非洲象和亚洲象的甲氧苄啶-磺胺甲恶唑剂量存在差异（Page等，1991）。在调查中一位动物园兽医报告说与非洲象相比，亚洲象使用的氟尼辛葡甲胺剂量要低。需要进行研究以确定药代动力学参数是否存在真正的物种差异。

抗生素都用于治疗足部病灶。由于口服或肌内注射药物的困难，其在大象护理中的使用通常受到限制。当有蜂窝组织炎或脓毒性骨髓炎的可能时，应给予抗生素。抗生素对减少软组织的肿胀和镇痛很有用。这些临床症状被认为存在于各种足部疾病中，但很难在大型、相对不活跃的动物中进行临床评估。

根据药代动力学研究，似乎有几种药物的剂量太频繁（如阿米卡星和阿莫西林）或不够频繁（如甲氧苄啶-磺胺甲噁唑）。代谢分级剂量和用药频率与非洲象和亚洲象的抗生素药代动力学研究建议没有很好的相关性。应在拥有多头大象的动物园之间开展协同药代动力学项目。

延伸阅读

[1] Bush, M., J. P. Raath, V. de Vos, and M. K. Stoskopf. 1996. Serum Oxytetracycline Levels in Free-ranging Male African Elephants *(Loxodonta africana)* In jected with a Long-acting Formulation.Journal of *Zoo and Wildlife Medicine* 27: 382-385.

[2] Calder, W. A.1984. *Size, Function, and Life History.* Cambridge: Harvard University Press.

[3] Devine, J. E., W.E. Boever, and E. Miller. 1983. Isoniazid Therapy in an Asiatic Elephant *(Elephas marimus). Journal of Zoo Animal Medicine* 14:130-133.

[4] Gulland, F. M. and P. C. Carwardine. 1987. Plasma Metronidazole Levels in an Indian Elephant *(Elephas maximus)* after Rectal Admistration.*Veterinary Record* 120:440.

[5] Kadir, A., B. H. Ah, A. G. Hadrami, M. F. Landoni, and P. Lees. 1997. Phenylbutazone Pharmacokinetics and Bioavailability in the dromedary Camel *(Camelus dromedarius). Journal of Veterinary Pharmacological Therapeutics* 20:54-60.

[6] Limpoka, M., P. Chai Anan, S. Sirivejpandu, R. Kanchanomai, S. Rattanamonthianchai, and P. Puangkum. 1987. Plasma Concentrations of Oxytetracycline in Elephants Following Intravenous and Intramuscular Administration of TerramycinILA Solution. *Acta Veterinaria Brno* 56:173-179.

[7] Lodwick, L. J., J. M. dubach, L. G. Phillips, C. S. Brown, and M. A. Jandreski. 1994. Pharmacokinetics of mikacin in African Elephants *(Lxodonta africana) Journal of Zoo and Wildlife Medicine* 25:367-375.

[8] Olsen, J. h. 1999.Antibiotic Therapy in Elephants.In *Zoo and Wild Animal Medicine:*

[9] *Current Therapy,* 4th ed., edited by M. E. Fowler and R.E. Miller, pp.533-541. Philadelphia: W. B. Saunders Company.

[9] Page, C.D.1994.Pharmacology and Toxicology. In *Medical Management of the Elephant,* edited by S. K. Mikota, E. L. Sargent, and G. S. Ranglack, pp.207-215. West Bloomfield, Michigan: Indira Publishing house.

[10] Page, C. D., M. Mautino, H. D. Derendorf, and J. P. Anhalt. 1991. Comparative Pharmacokinetics of Trimethoprim-Sulfamethoxazole Admistered Intravenously and Orally to Captive Elephants. *Journal of Zoo and Wildlife Medicine* 22:409-416.

[11] Peters, R. H. 1987. The *Ecological implications of Body Size.* Cambridge: Harvard University Press.

[12] Plumb, D. C.1995.*Veterinary Drug Handbook.* Ames: Iowa State University Press.

[13] Rosin, E., N. Schultz-darken, B. Perry, and J.A. Teare.1993. Pharamcokinetics of Ampicillin Admistered Orally in Asian Elephants *(Elephas maximus).Journal of Zoo and Wildlife Medicine* 24:515-518.

[14] Schmidt, M. J. 1978.Penicillin G and Amoxicillin in Elephants: A Study Comparing Dose Regimens Admistered with Serum Levels Achieved in healthy Elephants.*Journal of Zoo Animal Medicine* 9:127-136.

[15] Schmidt-Nielsen, K. 1984. *Scaling: Why is Animal Size So important?* Cambridge, England: Cambridge University Press.

[16] Sedgwick, C. J. 1993. Allometric Scaling and Emergency Care: The importance of Body Size. In *Zoo and WildAnima1 Medicine: Current Therapy,* 3d ed., edited by M.E. Fowler, pp.34-35. Philadelphia: W. B. Saunders Company.

[17] Sedgwick, C. J., and R. Borkowski.1996. Allometric Scaling: Extrapolating Treatment Regimens for Reptiles.In *Reptile Medicine and Surgev,* edited by d.R. Mader, pp. 237-238. Philadelphia: W.B. aunders Company.

第六部分

结论和建议

第27章 大象足部护理：结束语

默里·E. 福勒

引言

这次具有里程碑意义的会议的与会者分享了他们在处理大象足部疾病方面的挫折和成功。描述了各种足部状况，其中一些可以通过简单的修剪轻松纠正，其他的进展为一个或多个趾的骨髓炎和/或化脓性关节炎。接着对各种问题进行了热烈的讨论，并就几个问题达成了普遍的一致意见。例如人们一致认为非洲象通常比亚洲象有更少的足部问题，更多的运动将有利于所有圈养大象的健康。

在讨论开始时，保护性接触与自由接触大象管理及其对足部问题易感性的影响这一主题引起了高度争议，这是意料之中的。在会议结束时达成了共识，表明可以在两种系统下提供适当的足部护理。这两种系统都需要专门的、熟练的驯象员和对大象的充分训练。保护性接触管理需要专门的设施和更多的时间来完成许多过程。

随着会议的进展而出现的主题是：花在预防措施上的时间产生了巨大的回报（表27.1）。与会者强调了及早发现问题的价值，因为它可以预防更严重问题的发生。预防医学涉及大象生活的方方面面，包括营养、笼舍、行为活动、社群结构、体格锻炼、遗传以及疫苗接种和寄生虫控制。

小组讨论综合了与会者的感受。会议的最后1h专门讨论选择预防大象足部护理措施的建议。这代表了大象管理人员、馆长、饲养员、兽医和大象爱好者的集体智慧。就下列事项达成普遍协议：

1. 饲养大象是一项代价高昂的责任。每个养大象的机构都必须提供足够的资源（如人员、金钱、时间和空间）。

2. 应该根据每只大象的个体需要为它们设计一份书面的锻炼计划。该计划应与

表27.1 用于象足部预防护理的时间与用于治疗严重问题时间的比较

	常规预防保健			严重问题的治疗	
	修脚（h）	锻炼（h）	工作天数总计	足部感染（h/d）	工作天数总计
每月	2（2人）	30	4	兽医1d，饲养员2d	11.25
每4个月总计	8（2人）	120	16	兽医90h，饲养员360h	45

大象管理人员、饲养员和兽医协商制订。

3. X线摄影对象足部护理很重要。所有成年象基础性的足部X线片都应拍摄并存档。在一些机构中，每年对选定的大象进行监测可能是合适的。

4. 每个大象饲养机构都应该有一份书面的常规足部护理方案。该方案必须包括每天清洁和检查每只大象的脚。

5. 每个大象饲养机构都应该尽量减少大象在坚硬的地面上停留的时间。

6. 每头大象每年应该进行1次彻底的身体检查。饲养员、训练员和管理员应该审查他们所照顾的大象的书面方案、做法和大象的状况，每年至少2次。

上述项目经与会者协商一致通过。这些建议被转发给大象物种生存计划、大象管理协会、世界自然保护联盟大象专家组和美国动物园兽医协会。还讨论了其他项目，但目前资料不足，无法作出结论。与会人员要求进行下列研究项目。这些建议已转发给美国动物园和水族馆协会（MA）的动物园研究委员会以及可能对通过研究生项目进行研究感兴趣的机构。

1. 足部软组织结构的一般解剖学研究，包括血管供应、神经、韧带和肌腱。

2. 组织学研究，尤指第二和第三趾趾骨的足底（脚底和足垫）、趾甲和骨头的组织学研究。

3. 研究确定促进足部健康所需的最低运动量。

4. 描述亚洲象和非洲象足部之间的差异，这些差异对足部护理有影响。

5. 足部疾病治疗药物的药代动力学研究。这些研究必须符合机构政策。

6. 组织结构、骨骼疾病和足部疾病之间的关系。

7. 建立圈养和自由放养野生大象的中位数或平均体重与体形比。其中一些信息可以从文献中收集到。其他方面可能需要实地研究（圈养和自由放养）。

8. 研究阐明足部疾病的病因和流行病学。

常规修脚所使用的工具因大象护理团队的经验和设备的可用性而异（表27.2）。重要的因素是对人员进行适当使用工具的培训，包括磨刀。

表27.2　用于象足护理的工具

工具
蹄刀
蹄锉
蹄挖槽机
绘图刮刀（剃须刀）
马蹄钳
电动打磨机
瑞士刀
美工刀（X-acto刀片，X161型）
刮匙
钢丝刷
尖尾锉
磨刀石

局部抗菌剂

用于足部疾病的局部药物和溶液差别很大。有些来自民间医学或草药。这类产品很可能具有杀菌、消毒或治疗作用，但大多数都没有经过科学的药理学测试。通过药品分销商提供的一些产品包括：

- Ciderm液体和凝胶（漂白粉–二氧化氯复合物）。作用：强氧化剂。也是一个优秀的抗菌和除臭剂。资料来源：美国纽约11735法明代尔康克林大厅纽约州立大学法明代尔分校ARC0研究公司，电话（516）777–1420，传真（516）777–1422。

- 硫酸铜（$CuSO_4$、青石、蓝矾）。性状:蓝色颗粒状粉末。作用：稀溶液具有防腐和收敛作用，浓溶液具有腐蚀性。作为收敛剂，建议使用1%的溶液（10g/L或2茶匙每夸脱的水）。来源：园艺商店或制药公司。

- 稀乙酸（乙酸含量为4%～7%）。作用：用作抗菌和清洁溶液。冰醋酸：含有36%～37%的乙酸，具有腐蚀性。

- 二甲亚砜（DMSO）。作用：用作溶剂，促进其他药物进入组织。在动物的呼吸中产生难闻的气味。

- 福尔马林：含量10%，作用：强力消毒剂，但也有很强的腐蚀性。

- 熟石灰［$Ca(OH)_2$］：CaO与水的混合物。作用：用作温和的消毒剂和收敛粉。不要与石灰（CaO，生石灰）混淆，它是具有腐蚀性的。

- 过氧化氢（H_2O_2）：无色、无味液体。作用：当与组织液接触时，具有强大的杀菌剂，产生泡沫和清洁。不要注射到穿刺伤口或封闭的腔内。资料来源：任何药店或药房。

- 鱼石脂：由沥青、羊毛脂和凡士林蒸馏而成的混合物，含有10%的硫。作用：有轻微刺激性。促进脓肿破溃，消肿并有一定的杀菌作用。

- Kopertox（37.5%环烷酸铜）：使用方法:每日清洁伤口后使用。不可用于食用动物。可以用打火液从手上和衣服上清除。来源：美国艾奥瓦州50501道奇堡，西北（邮政信箱717）800第五街，Aveco或道奇堡实验室；FAX：（515）955–3730。

- 呋喃西林（Furazone）：通常为0.2%的溶液或气溶胶。

- 氧化锌（ZnO）：白色至黄白色粉末，可制成20%的药膏。

用于浸泡脚或冲洗足部病灶的溶液

- 硫酸镁（$MgSO_4$，硫酸镁）：硫酸镁的饱和溶液是高渗的，从组织中吸收液体。用于局部炎症、蜂窝组织炎、关节炎和挫伤。将硫酸镁溶解在少量沸水中，然后加入所需量的热水。一个配方是280mL（10oz）甘油和1134g（40oz）硫酸镁和水，共1182mL（40oz）。也可以在2L（2UKqt）热水中加入225g（0.5lb）硫酸镁，让水冷却。资料来源：任何药店或药房。

- 双氯苯双胍己烷（洗必泰）溶液：将84mL（3oz）2%的原液稀释到3.7L（1UKgal）的清水中，作为消毒剂使用。它对假单胞菌无效。来源：美国艾奥瓦州50501道奇堡，西北（邮政信箱717）800第五街，Aveco或道奇堡实验室；FAX：（515）955-3730。

- 聚维酮碘溶液（必妥碘）：5%的原液，用1份聚维酮碘稀释4份水。它不应该用于食用动物。来源：美国06850-3590康涅狄格州诺沃克100康涅狄格大道普渡弗雷德里克公司，电话：（203）853-0123，传真：

（203）838-1576。

- 次氯酸钠（5.25%NaOcl；家用漂白剂）：作为一般消毒剂，将200mL（7oz）漂白剂稀释到3.7L（1UKgal）水中。在有机物质存在下迅速失活。来源：任何杂货店。

表27.3概述了常见的足部疾病、诱发因素和预防、管理建议。

表27.3 常见的足部疾病、诱发因素和预防、管理建议

状态	易感因素	预防和处理
足底磨损	刻板动作	行为丰富，避免活动场粗糙的表面
足底脓肿	异物渗透、砾石、坑	日常的足部清洁、检查和足疗
趾甲脓肿	砂砾，没有定期清洁	日常的足部清洁、检查和足疗
趾间脓肿	蹄皮炎、角化过度	避免潮湿、泥泞的地面
关节炎	过多或过少地锻炼	足部放射检查，药物治疗
泡疮	感染	避免不卫生的环境
足部挫伤	石头挫伤	提供适当的活动场表面
溃疡	慢性感染	日常的足部清洁、检查和足疗
跟骨裂	蹄皮炎	日常的足部清洁、检查和足疗
趾甲开裂	趾甲过度生长	日常的足部清洁、检查和足疗
足底开裂	足底过度生长	日常的足部清洁、检查和足疗
角质层过度生长	缺乏适当的维护	日常的足部清洁、检查和足疗
裂缝	足底过度生长	日常的足部清洁、检查和足疗
骨折	打在脚上，在锁链中挣扎	标准的骨折处理
足底嵌入沙砾	没有正确清洗足部	日常的足部清洁、检查和足疗
足底凹凸不平	足底过度生长	日常的足部清洁、检查和足疗
倒刺	缺乏适当的维护	日常的足部清洁、检查和足疗
血肿	脚底或皮肤挫伤	按程序保护脚底，直到血肿被吸收
趾甲向内生长	缺乏适当的修剪	日常的足部清洁、检查和足疗
撕裂伤	接触尖锐物体	避免接触尖锐物体
足底浸渍	经常站在泥土和潮湿的地方	适当的活动场清洁，提供引流
皮肤浸渍	经常站在泥土和潮湿的地方	适当的活动场清洁，提供引流

续表

状态	易感因素	预防和处理
甲床炎	趾甲营养不良导致	用锉刀锉趾甲底部，以减轻对趾甲的压力
骨髓炎	蜂窝织炎或脓肿的进展	手术切除趾骨
甲沟炎	蹄皮炎	日常的足部清洁、检查和足疗
凹痕	足底过度生长	适当修脚
足底袋	足底过度生长	适当修脚
蹄皮炎	经常站在泥土和潮湿的地方	适当的活动场清洁，适当修脚
穿刺伤	接触尖锐物品	破伤风类毒素疫苗，避免接触尖锐物体
脓疱	皮肤皲裂	日常的足部清洁、检查和足疗，抗生素
足底隆起	正常或足底过度生长	适当的场地清理，日常的足部清洁、检查和足疗
溃疡	没有定期清理	日常的足部清洁、检查和足疗
囊泡	磨擦或感染	可能是病毒或细菌感染，抗生素

大象管理指南
（1997 年 3 月）

附录 1

美国动物园和水族馆协会（AZA）[1]

引言

无论使用何种大象管理方法，任何与大象的接触本质上都是危险的。应尽可能评估和使用适用于该机构的所有可用的预防措施。工作人员应接受过专业认可的大象管理方式的适当培训和经验，并应始终意识到人身伤害和死亡的风险。

建议

1. 当公象开始成熟时，应该对它们进行严格的评估。早在5岁时，它们就会表现出行为上的变化，这可能会让饲养员处于危险之中。当这些变化变得明显或可疑时，应将该动物从自由接触管理中移除。如果公象要留在象群中，就必须管理繁殖。

2. 强烈建议所有饲养大象的机构都有大象限制装置（ERC）。

3. 亚洲象和非洲象在其生命的全部或重要部分都是高度群居的动物。雌性和未成熟的雄性不应该长期单独饲养。

4. 在与大象接触时，至少要有两名合格的大象饲养员在场。合格的大象管理员

是机构认可的受过训练、负责任的人，有能力和经验来饲养大象。除非有事先设计和实施的资格方案，否则大象饲养员的资格必须提交机构及其工作人员来判断。

5. 每个机构都必须有一份书面的、经总经理批准的、专门针对大象管理的制度和方案。这必须是一份活的文件，每半年审查一次，并不断更新和改进。

6. 每个机构都应该有一个专门的工作人员职位，负责直接管理大象项目。这个人在人事管理、大象管理和人员安全方面的技能对项目的成功至关重要。

7. 当前大象管理系统术语。

- 自由接触：当饲养员和大象共享一个不受限制的空间时，直接处理大象。无论是锁链的使用还是大象的姿势或位置，都不会改变这一定义。

- 保护性接触：当饲养员和大象不在同一个不受限制的空间时对大象的处理，"通常在这个系统中，饲养员通过某种保护屏障与大象接触，而大象没有空间限制，可以随意离开工作区域。"

- 限制性接触：通过保护屏障来处理象，象在空间上被限制在ERC中。

- 无接触：处理大象时不与大象接触，

[1] 经美国动物园和水族馆协会许可转载。

除非大象被注射了化学镇静剂。不建议将其作为主要的管理形式。

8. 所有机构必须至少每半年进行一次大象设施和项目安全评估，以确定安全需求，并在必要时全面实施纠正措施。此外机构必须认识到，随着管理实践的改变和完善，大象设施和项目将需要随着时间的推移而修改。为了做到这一点，每个机构都应该建立一个安全评估小组。该小组可包括但不限于大象工作人员、管理人员、动物保健工作人员以及风险管理和安全领域的专家。每个设施应根据自己的需要和资源建立团队的组成。每次检查应保留书面记录，并对记录进行审查，并根据其建议采取行动。

附录 2　北美大象足部状况和护理调查结果

诺里·迪梅奥 – 艾迪格

引言

关于圈养大象足部健康状况和首选治疗方式，大象管理者之间非正式地共享了大量信息。为确定和汇总各饲养机构象的足部健康状况，俄勒冈动物园和旧金山动物园的工作人员开展了象足饲养和兽医护理调查。80%的人优先考虑让他们的大象多运动。目前，32%的大象每天的运动时间超过30min。该调查将足部问题治疗分为5个主要类别：修整、浸泡、局部用药、包扎和穿靴以及全身性药物。

该调查于1997年10月邮寄给参与大象物种生存计划(SSP)的84个机构中每个机构的机构代表。除了少数例外，所有参与者都是美国动物园和水族馆协会（AZA）认可的机构。少数非AZA认可的机构通过了野生动物保护管理委员会（WCMC）的非AZA成员申请过程。仅收养亚洲象的机构31个，仅收养非洲象的机构36个，同时收养亚洲象和非洲象的机构17个。截至1997年12月，共收到了54份调查，并收录在本报告中。该调查包括有关大象设施的物理环境、足部问题的发生率以及大象管理者使用的最成功的治疗类型的问题。修剪是最受欢迎的治疗方法，也是最成功的。大多数机构通过修剪趾甲并取得了良好的成功，但令人惊讶的是，大约1/4的机构不修剪趾甲。使用浸泡（在温水、硫酸镁和消毒液中）的机构数量与不浸泡的机构数量几乎相同。发现大多数使用浸泡方法的是成功的。总体而言，大多数机构不使用局部用药。在使用的局部用药中，使用消毒液最为成功。很少有机构使用绷带或靴子、凉鞋。然而确实发现它们是一种非常成功的治疗方法。全身性药物也是如此，大多数机构不使用它们，但那些使用过的机构报告说他们取得了很大的成功。

调查结果

混凝土是91%的室内大象围栏的基材。93%的设施采用倾斜地板，而只有18.5%的地板设有引流槽。虽然传统观点可能表明基材类型与足部疾病之间存在关联，但只有一半（52%）的受访者认为混凝土地板与足部疾病之间存在关联。在大多数机构（67%）中，更换室内地板的优先级较低。

为了寻找象足部疾病的区域模式，调查被分为4个地理组：西北、东北、西南和东南。趾甲软化是在西北和东北机构的大象中发现的最常见的足部疾病。在西南部，脚底的侵蚀和重要组织的渗透比其他任何问题都要多。在东南部的机构中，趾甲之间的病灶(甲周炎)是最常见的足部疾病形式。

这项调查的范围很广，我们要感谢所有参与调查的机构。虽然有些问题不容易得分，但它们确实提供了一个机会，可以确定大象足部护理的哪些方面应该成为进一步研究的重点。

词汇表

默里·E. 福勒

脓肿（Abscess）：埋在组织、器官或密闭空间中的局部脓液。

脚底脓肿（Subsolar abscess）：脚底、足垫下方的脓肿。

训象刺棒（Ankus）：连接在把手上的金属棒和钩子。刺和钩上的尖头要钝，以防止意外撕裂皮肤。也被称为牛钩、象钩、刺棒、钩。

关节僵硬（Ankylosis）：由于疾病、损伤、或手术导致的关节融合。可能是局部的，伴有疼痛，或完全性的，通常没有疼痛，但可能导致 机械性跛行。

大花龙脑树（Apitong）：一种进口硬木木材，通常用于卡车和拖车的甲板。来源于菲律宾的一种同名的树。用于大象夜间围栏的表面。木材的可移动面板通常构造为便于清洁。木板的宽度为8in，有0.5in的接头，厚度为1.25in。零售价为每英尺2.5美元。跟它密切相关的一种木材是来自马来西亚的龙脑香木，它是大花龙脑树的替代品。

关节炎（Arthritis）：关节和周围结构的炎症。

类风湿性关节炎（Rheumatoid arthritis）：一种慢性疾病，主要是关节，通常累及多个关节，以滑膜和关节结构的炎症变化为特征。

化脓性（渗出性）关节炎［Suppurative（exudative）arthritis］：关节内或关节周围有渗出物的关节炎。

沥青（Asphalt）：沥青和小砾石的混合物，用于路面、围栏、喂养区和马厩。

黑色腔道（Black tracts）：脚底趾甲和脚底交界处的洞，里面充满了黑色的渗出物，在修剪脚的时候应该清理干净，露出健康的组织。

水疱（Blister）：在皮肤层之间的少量透明液体积聚，通常由摩擦或由某些病毒疾病过程引起。在大象中，这个术语适用于角质层区域的浆液脓性充满液体的囊。也称为囊泡。

大疱（Bulla）：大水疱，周长大于5mm，含有浆液或浆液化脓性液体。

趾甲间的老茧（胼胝）（Interdigital callus）：趾甲间皮肤角质层的局部增生。可能是由压力、摩擦或感染引起。

腕部（Carpus）：马的膝盖或人的手腕。大象的腕骨是前肢脚的一部分。

蜂窝织炎（Cellulitis或Phlegmon）：对感染的扩散性、弥漫性炎症反应，伴有小袋脓。感染可能只是在皮肤下面，或者延伸到肌肉和其他重要组织。

挫伤（Contusion）：皮肤或脚底受伤造成的打击，但没有在皮肤或脚底破裂。也称为瘀伤。

真皮（Corium）：高度血管化的纤维组织，滋养皮肤、趾甲和脚底。真皮也提供了趾甲和P-3之间的纤维连接。

蹄冠沟（Coronary groove）：包含生发上皮的蹄基部，蹄壁由此向下生长。可以用来描述大象的趾甲顶部。也称为冠状带。

脚底开裂（Sole crack）：脚后部附近的皮肤上有开裂。

深部趾甲开裂（Deep crack toenail）：裂纹穿透全部厚度的趾甲，进入迅速。也被称为趾甲裂开。

浅表趾甲开裂（Superficial crack toenail）：只穿透趾甲外层的裂缝，不会穿透趾甲内侧。

趾甲横向开裂（Transverse crack toenail）：趾甲上的缺陷，其特征是在趾甲的长轴上有裂缝。可能是由甲床感染引起的。又称水平趾甲裂。

趾甲垂直开裂（Vertical crack toenail）：表面或深层的与趾甲垂直轴线平行的裂缝。这种裂缝可能起源于趾甲的底部或顶部。

趾垫（Digital cushion）：一团脂肪纤维弹性组织，占据大象脚趾下方的空间。

角质层（Cuticle）：从趾甲壁底部延伸到趾甲表面的狭长的表皮带。也被称为趾甲上皮。

角质层过度生长（Cuticle overgrown）：趾甲顶部的上皮过度生长。

风化花岗岩（Decomposed granite，DG）：一种来源于花岗岩的粗质土，可以压实成坚固的表面。

趾行（Digitigrade）：脚的形状使脚趾但不是脚跟在地上（狗，猫）。大象的前脚是半趾行的，后脚是半跖行的。

燕尾链接（Dovetailing）：将裂缝或沟槽的边缘倾斜，以防止污垢或粪便进入裂缝中。

渗出液（Exudate）：一种富含蛋白质的液体，由血清、血细胞（主要是白细胞）、组织细胞、和/或从伤口或从病变组织表面渗出的细胞碎片组成。

渗出物（Exudation）：从伤口流出的渗出物。

裂隙（Fissure）：器官表面的任何裂缝或沟槽（正常或不正常），如象脚的皮肤或脚底。

瘘管（Fistula）：身体组织内异常的管状通道.

漫步（Amble）：4拍步态，身体同侧的两肢同时向前移动，但后脚比前脚稍早着地。漫步是大象的中等到快速的步态。

走（Walk）：4拍步态，任何时候都有3只脚在地面上。这是大象缓慢的步态。

生发上皮（Germinal epithelium）：位于皮肤、脚底和趾甲表皮底部的一层细胞，使这些结构继续生长。

肉芽组织（Granulation tissue）：一种在伤口愈合过程中形成的新生组织，由新生血管、纤维细胞和炎细胞组成，有助于填充伤口并促进愈合。

沙砾（Gravel）：马的一个术语，描述一种感染，通常始于白线（蹄和足底的交界处），向背侧深入蹄壁，然后通常在冠状带上方爆发（头向外）。如果用在大象脚上，它描述的是一种感染，这种感染侵入到足底部的趾甲深处的组织，然后向背侧迁移到甲床的顶部。人们曾经认为这种感染是由砾石的迁移引起的。马的腔道底部可能会出现砾石，但现在认为这是感染的巧合。

倒刺（Hang nail）：挂在趾甲边上或底部的一小片皮肤，如果没有得到适当的照顾，这可能是大象脚的一个重要问题。

血肿（Hematoma）：血液在一个有限的空间，在一个组织，如敏感的纤维组织下的积累。毛细血管破裂的由毛细血管或其他血管破裂引起的也被称为血疱。

蹄（Hoof）：马、牛、羊、猪和野生反刍动物脚上坚硬的角质覆盖物。大象的指甲有时被称为蹄，考虑到连接P-3和趾甲的椎板，这可能是合适的。

角化过度（Hyperkeratosis）：角蛋白或角质层组织产生过多。

角质化（Keratinization）：在足底表面产生角质组织或皮肤外层细胞生成的正常过程。

蹄叶炎（Laminitis）：蹄叶（蹄与P-3之间的连接处）发炎。大象有简单的蹄叶，可能会受到挫伤，产生蹄叶炎。大象对马身上发现的那种蹄叶炎不敏感。

浸渍（Maceration）：由于长期暴露在湿气和粪便中，脚底或皮肤软化和退化。

掌骨（Metacarpal bones）：大象的腕骨和前肢脚趾之间的骨头。

跖骨（Metatarsal（MT）bones）：大象的跗骨（跗节）和趾骨之间的骨头。

趾甲过度伸长（Nail overgrown）：由于趾甲不能正常磨损所致。趾甲每个月可以长6.4mm（1/4in）。

甲床（Nailbed）：趾甲所在的组织。

钉伤（Nailing）：足底（如角质部或足垫）被尖锐物体（如钉子、螺丝、螺栓、玻璃片、银条）刺穿。可能仅穿透角质组织，也可能进入真皮或趾垫。

坏死性足皮炎（Necrotic pododermatitis）：足部皮肤的炎症，导致酶降解引起的细胞损伤。

甲床炎（Onychia also Onychitis）：趾甲基质发炎，导致趾甲脱落。

骨关节病（Osteoarthrosis）：一种以关节软骨退行性变、边缘骨肥大和滑膜改变为特征的关节炎。归类为退行性关节疾病（DJD）。

骨髓炎（Osteomyelitis）：由化脓性细菌引起的骨炎症。

甲沟炎（Paronychia also Perionycbia）：趾甲周围皮肤和组织皱褶的炎症。

修脚（Pedicure）：专业的足部护理和治疗。

蹄外膜（Periople）：覆盖有蹄类动物蹄子或趾甲外部的一层柔软的浅色角（角质化）。蹄外膜的功能之一是保护蹄或趾甲免受湿气渗透。

趾骨（Phalanx）：趾的单个骨头。P-1=近端趾骨，P-2=中端趾骨，P-3=远端趾骨。并不是大象所有的脚趾都有三个趾骨。

P-3骨折［Phalanx three（P-3）fracture］：如x光片所示，以P-3多节为特征。可能是外伤、骨髓炎、脱钙或一般性退变的结果。

跖行（Plantigrade）：足部结构，允许动物的脚趾在水平位置行走（例如熊，人类）。大象的后脚是半跖行的。

囊（Pocket）：中空的空间或封闭的空间。

蹄皮炎（Pododermatitis）：皮肤、趾甲和足部相关结构的炎症。

刺伤（Puncture wound）：被尖锐物体（如钉子、螺丝、螺栓、玻璃片、银条）刺穿皮肤或脚底（如角质部、足垫）。

脓液（Pus）：一种富含蛋白质的液体，由血细胞（主要是白细胞）、组织细胞、或从伤口或病变组织表面逸出的细胞碎片和细菌组成。

脓疱（Pustule）：在表皮内或表皮下可见的脓液集合，通常在毛囊或汗孔中。

足脊（Ridge）：脚底角蛋白长而窄地增生。脊纹和凹槽的图案可能会产生每头大象独特的脚印。

粉蹄病（Seedy toe）：一种马病，特征是马蹄壁和P-3之间长有角质、蜂窝状的真菌。大象也会感染。

籽骨（Sesamoid bone）：嵌在肌腱中或压力较大的关节囊内或像滑轮一样使肌腱改变方向的小骨头。大象有一对籽骨，可以在掌骨和跖骨的远端融合。

足垫（Pad，Sole）：象脚的底部，特点是在生发上皮和真皮上有一层柔韧的角质化层（纤维组织）。

足底磨损（Sole abrasion）：足底的一部分过度磨

损。通常由刻板的行为引起的，如不停地朝一个方向转动或用脚乱蹬。

足底擦伤（或挫伤）[Sole, bruised（or contused）]：足底下敏感组织的炎症。瘀伤的痕迹可能是局部的。随后，该斑点可能会显示由深度出血引起的角质组织变红。

脚底过度生长（Sole, overgrown）：脚底上有过多的角蛋白，这是由于足部不能正确地磨损引起的。

基质（Substrate）：根据定义，这是表层之下的一层土壤。在实际使用中，它是大象行走的表面的成分。大象围场使用的材料包括腐烂的花岗岩、泥土、沙子、砾石、沥青（黑色顶部）和混凝土（粗糙或光滑）。

滑膜炎（Synovitis）：足部肌腱周围的肌腱鞘发炎。也被称为肌腱滑膜炎。

跗骨（Tarsus）：马的飞节或人的脚跟和脚踝，大象的跗骨是后肢足部的一部分。

蹄叉腐疽（Thrush）：与马有关的一个术语，用来描述蹄部灰色到黑色的分泌物散发的恶臭。通常与角化组织的变性有关。在大象身上，它可能是描述脚底的裂缝、缝隙或囊中堆积的杂物散发的恶臭。

趾甲（Toenail）：趾端角化的结构。

趾甲向内生长（Toenail ingrown）：趾甲不正常地生长到趾甲周围的软组织中。

黑色腔道（Black tract）：充满了黑色的渗出物。当修剪脚时，应该探查和刮削到它的健康组织。

搁脚凳（Tub）：一种加固的支架或平台，训练将大象的一只脚放在上面以便修剪。

溃疡（Ulcer）：皮肤或脚底表面的局部缺陷或凹陷，是由炎症坏死组织脱落引起的。

有蹄动物（Ungulate）：通常的意思是有蹄的哺乳动物，但像貘、犀牛和大象这样的动物，它们的趾甲比蹄子多，通常被包括在有蹄动物的类别中。

穿透性伤口（Penetrating wound）：由异物（如钉子、螺丝、螺栓、玻璃片、银片）穿透皮肤或脚底造成的伤口。

贡献者

[1] Douglas L. Armstrong. Omaha's henry doorly Zoo, 3701 South Tenth Street, Omaha, NE 68107-2200

[2] Wayne S. J. Boardman. Auckland Zoological Park, Private Bag, Grey Lynn, Auckland 1002; New Zealand and Perth Zoological Gardens, P.O. Box 489, South Perth, Western Australia, Australia

[3] Carol Buckley. The Elephant Sanctuary in hohenwald, P.O. Box 393, hohenwald, TN 38462

[4] Robert M. Cooper. Calgary Zoo, P.O. Box 3036, Station B, Calgary, Alberta, T2M 4R8 Canada

[5] None dimeo-Ediger. Oregon Zoo, 4001 SW Canyon Road, Chuck Doyle. Burnet Park Zoo, 1 Conservation Place, Syracuse, NY 13204

[6] Mitch Finnegan. Oregon Zoo, 4001 SW Canyon Road, Portland, OR 97221-2799.

[7] Joseph P. Flanagan. Houston Zoological Gardens, 1513 North MacGregor, Houston, TX 77030

[8] Murray E. Fowler. department of Medicine and Epidemiology, School of Veterinary Medicine, University of California, davis, CA 95616-8737

[9] Daniel A. French. Okotoks Animal Clinic, Box 368, Okotoks, Alberta, TOL 1TO Canada Laurie J. Gage. Marine World Africa USA, Marine World

[10] Parkway, Vallejo, CA 94589-4001

[11] Karen Gibson. Houston Zoological Gardens, 1513 North MacGregor, Houston, TX 77030

[12] Robert W. henry. department of Animal Science, College of Veterinary Medicine, University of Tennessee, Knoxville, TN 37901 - 107 1

[13] Virginia L. honeyman. Calgary Zoo, P.O. Box 3036, Station B, Calgary, Alberta, T2M 4R8 Canada

[14] Ray hopper. Oregon Zoo, 4001 SW Canyon Road, Portland, Daniel houser. Omaha's henry doorly Zoo, 3701 South Tenth Street, Omaha, NE 68107-2200

[15] Joan Albers Hughes. Mesker Park Zoo and Botanic Garden, 2421 Bement Avenue, Evansville, IN 47720-8206 (Present address: Joan Albers Hughes, 700 South BenninghofAvenue, Evansville, IN 47714) Sheni huntress. Perth Zoological Gardens, P.O. Box 489, South Perth, 61 5 1 Western Australia, Australia

[16] Richard Jakob-hoff. Auckland Zoological Park, Private Bag, Grey Lynn, Auckland 1002, New Zealand Randy E. Junge. St. Louis Zoological Park, Forest Park, St. Louis, MO 63110-1395

[17] Penny Kalk. Department of Mammalogy, Wildlife Conservation SocietylBronx Zoo, 2300 Southern Boulevard, Bronx, NY 10460

[18] Robert Kam. Calgary Zoo, P.O. Box 3036, Station B, Calgary, Alberta, T2M 4R8 Canada Teni Kepes. Burnet Park Zoo, 1 Conservation Place, Syracuse, NY 13204

[19] Dhriti K. Lahiri-Choudhury. 45 Suhasini Ganguly Sarani, Michael Lynch. Royal Melbourne Zoological Gardens, P.O.

[20] Fred Marion. Oregon Zoo, 4001 SW Canyon Road, Portland, Cree Monaghan. Royal Melbourne Zoological Gardens, P.O. Box 74, Parkville, Melbourne, Victoria, Australia (Present address: Perth Zoological Gardens, P.O. Box 489, South Perth, 6151 Western Australia, Australia)

[21] Margot Monti. Oregon Zoo, 4001 SW Canyon Road, Portland, OR 97221-2799

[22] Jack Mortenson. Wildlife Safari, P.O. Box 1600, Winston, OR 97496 (Present address: 3797 Tyler Place, Corvallis, OR, 97330)

[23] James Oosterhuis. San Diego Wild Animal Park, 15500 San Pasqual Valley Road, Escondido, CA 92027

[24] Timothy J. OSullivan. St. Louis Zoological Park, Forest Park, St. Louis, MO 631 10-1395

[25] Edward C. Ramsay. department of Comparative Medicine, P.O. Box 1071, College of Veterinary Medicine, University of Tennessee, Knoxville, TN 37901-1071

[26] Andrea Reiss. Royal Melbourne Zoological Gardens, P.O. Box 74, Parkville, Melbourne, Victoria, Australia Alan Roocroft. San Diego Wild Animal Park, 15500 San Pasqual Valley Road, Escondido, CA 92027

[27] Charlie Rutkowski. Oregon Zoo, 4001 SW Canyon Road, Portland, OR 97221-2799

[28] William C. Sadler. Purina Mills, 1401 South hanley, St. Louis, MO 63144Jill Sampson. Indianapolis Zoo, P.O. Box 22309, Indianapolis, harald M. Schwammer. Schonbrunner Tiergarten Gesellschaft m.b.h., Maxingstrasse 13b, A-1 130 Vienna, Austria

[29] Allan Seidon. El Paso Zoo, 4001 East Paisano drive, El Paso, TX 79905

[30] Lee G. Simmons. Omaha's henry doorly Zoo, 3701 South Tenth Street, Omaha, NE 68107-2200

[31] David Sorensen. Milwaukee County Zoo, l0001 West Bluemound Road, Milwaukee, WI 53226 (Present address: P.O. Box 366, herald, CA 95638)

[32] Madeline Southard. Mesker Park Zoo and Botanic Garden, 2414 Bement Avenue, Evansville, IN 47720-8206

[33] Steve Stahl. Burnet Park Zoo, 1 Conservation Place, Syracuse, NY 13204

[34] Gary West. Ringling Bros. & Bamum and Bailey's Center for Elephant Conservation and San Antonio Zoo and Aquarium, 3903 North St. Mary's Street, San Antonio, TX

[35] Chris Wilgenkamp. Wildlife Conservation Society/Bronx Zoo, 2300 Southern Boulevard, Bronx, NY 10460

[36] Kate Woodle. Burnet Park Zoo, 1 Conservation Place, Syracuse, NY 13204